„Willi, magst du ein Vorwort für unseren Naturspurenführer schreiben?“ So ging es los mit diesem Vorwort.

Und beim Stichwort Natur bin ich immer gerne dabei! Als Vorwortschreiber durfte ich einen Blick in dieses Buch werfen, bevor es zu einem Buch wurde, schließlich ist das Vorwort ja Teil des Buchs und muss ebenfalls gedruckt werden. Zuerst nahm ich mir das Inhaltsverzeichnis vor und wollte es schnell überfliegen, doch dann stolperte ich über Worte, die ich noch nie zuvor gelesen hatte: „Brennnesselbonbons“, „Zombiepflanzen“, „Schneckenfußmassage“, „Anschisspflanze“. Das klingt witzig! Aber, mein lieber Naturspurenführer, kommen nur Deine Überschriften so originell daher, oder auch das, was in Dir steckt?

Ich mache eine Stichprobe und lasse mehrere Seiten über meinen Daumen springen und lande bei Trick 31: Der quietschende Hahn. Kein echter Hahn mit Federn und Kikeriki, sondern ein Insekt, das rote Lilienhähnchen. Bisher habe ich mich nie getraut, diese Käfer anzufassen, schließlich ist rot eine Warnfarbe, auf die ich mit meinen Instinkten reagiere. Das, was im Buch steht, macht mir aber Mut und Spaß zugleich, denn hier lerne ich, wie ich das Insekt zum Quietschen bringe. Richtig cool und wie sagt man doch so schön: „Das große Glück der Welt liegt in den kleinen Dingen!“ Mit diesem Buch in der Tasche fühle ich mich wie mit einem gut gelaunten, humorvollen Biologen an der Hand, der frech und forsch und genial Wissen vermittelt. Optimal für einen Welterforscher, wie ich einer bin! So und jetzt gehe ich raus und nasche vom Giftbusch (Trick Nr. 20!) … .

Viel Spaß, Euer

Willi Weitzel

Reporter, Moderator, Welterforscher …

FÜR DEINE NOTIZEN:

BUND Naturschutz in Bayern e.V.

KLEINER BN-TASCHENFÜHRER

TRICKKISTE NATUR

40 Naturwunder vor deiner Haustür:
entdecken – staunen – ausprobieren

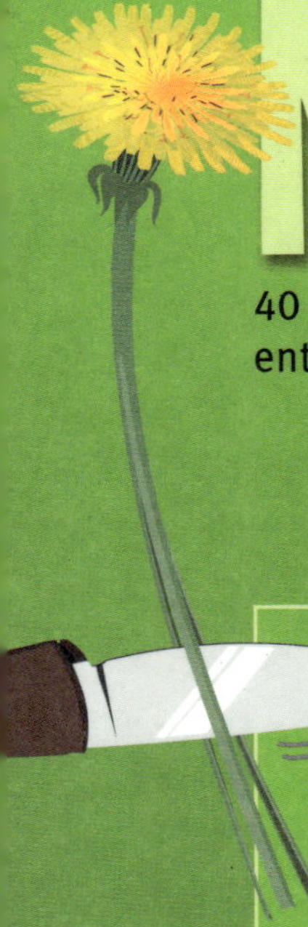

Ein Ausflugsbegleiter für Groß und Klein

oekom

BN-Taschenführer „Trickkiste Natur“

Herausgeber:
BUND Naturschutz Service GmbH
Eckertstr. 2, D-91207 Lauf a. d. Pegnitz
Tel.: +49 (0) 9123 999 57-20
Fax: +49 (0) 9123 999 57-99
www.service.bund-naturschutz.de
info@service.bund-naturschutz.de

Idee: Christine Stefan-Iberl

Recherche und Texte:
Christine Stefan-Iberl, Ulli Sacher-Ley, Marco Fischer

Gestaltung, Layout & Illustrationen:
Marco Fischer – GRAFISCHER.com

ClimatePartner° klimaneutral
Verlag | ID: 128-50040-1010-1082

FSC www.fsc.org RECYCLED Papier aus Recyclingmaterial FSC® C008457

Dieses Buch wurde klimaneutral hergestellt. CO_2-Emissionen vermeiden, reduzieren, kompensieren – nach diesem Grundsatz handelt der oekom verlag. Unvermeidbare Emissionen kompensiert der Verlag durch Investitionen in ein Gold-Standard-Projekt. Mehr Informationen finden Sie unter www.oekom.de.

Bibliografische Information der Deutschen Nationalbibliothek:
Die Deutsche Nationalbibliothek verzeichnet diese Publikation in der Deutschen Nationalbibliografie; detaillierte bibliografische Daten sind im Internet unter http://dnb.d-nb.de abrufbar.

oekom verlag, Gesellschaft für ökologische Kommunikation mbH
Waltherstraße 29, 80337 München

Druck: AZ Druck und Datentechnik GmbH, Kempten

Dieses Buch wurde auf 100%igem Recyclingpapier gedruckt.

ISBN 978-3-86581-785-3

Liebe Leserin, lieber Leser,

der BUND Naturschutz setzt sich seit über 100 Jahren für Bayerns Naturschönheiten ein. Seit 1913 engagieren sich Generationen von naturverbundenen Menschen dafür, dass Lebensräume von Pflanzen und Tieren erhalten bleiben, pflegen Biotope, retten Amphibien und kämpfen für eine nachhaltige Wirtschaftsweise.

Die allermeisten haben ihre Liebe zur Natur in ihrer Kindheit entdeckt. Sie haben Blumen zu Kränzen gebunden, im Wald Hütten gebaut, Käfer beobachtet oder Kröten über Straßen getragen. Dieses Begreifen der Natur im wahrsten Sinne des Wortes ist wichtig und unersetzlich. Denn nur im Umgang mit Tieren und Pflanzen lernen wir sie richtig kennen – und schätzen. Nur so stellen wir einen persönlichen Bezug her, holen Natur vom Abstrakten ins Reale, bauen eine emotionale Bindung und Vertrautheit auf. All das ist Voraussetzung für umweltbewusstes, naturverträgliches Handeln.

Deshalb zeigt der BUND Naturschutz jedes Jahr zehntausenden Kindern, Jugendlichen und Erwachsenen bei seinen Umweltbildungsaktionen, wie komplex, erstaunlich und schön die Natur ist. Viele dieser Naturphänomene sind ganz leicht zu finden. Man muss nur wissen, was und wo man suchen muss.

Der Taschenführer „Trickkiste Natur“ hilft großen und kleinen naturinteressierten Menschen dabei. Nehmen Sie doch das Büchlein bei Ihrem nächsten Spaziergang in den Wald, zum Picknick auf die Wiese oder einfach in den Garten mit und tauchen Sie ein in eine faszinierende, vielleicht ganz unbekannte Welt!

Ihr

Prof. Dr. Hubert Weiger

Landesvorsitzender des BUND Naturschutz in Bayern e.V.

Danke!

Wir bedanken uns bei den Umweltpädagoginnen Dagmar Nitsche, Gaby Vetter-Löffert, Simone Bömer und Ulla Fees sowie Gerhard Schütz für das Öffnen ihrer „Trickkiste Natur“, bei Dr. Kai Frobel, Claudia Ciecior-Bordonaro, Martina Graef, Luise Frank und Sara Reindl für die vielen wertvollen Hinweise. Vielen herzlichen Dank auch an die Fotografinnen und Fotografen, die uns ihre Bilder zum großen Teil kostenlos zur Verfügung gestellt haben. (Die jeweiligen Bildautoren sind bei den Fotos genannt.)

Wenn du trotz aller Sorgfalt den einen oder anderen Fehler gefunden hast, teile ihn uns bitte mit. Genauso neugierig sind wir auf neue spannende Tricks der Natur für eine zweite Ausgabe.

Das Autorenteam:

Christine Stefan-Iberl, Ulli Sacher-Ley, Marco Fischer

Regensburg, November 2015

ERGÄNZENDER BILDNACHWEIS

In den Illustrationen verarbeitete Zeichnungselemente:

02 (Salbeipflanze): kikolinakika/shutterstock
04 (Mohnpflanze): d-e-n-i-s/shutterstock
06 (Löwenzahnblüte): Charles Whitefield/shutterstock
07 (Brennnesselpflanze): Celana/shutterstock
12 (Eichenzweig): OK-SANA/shutterstock
18 (Kiefernzapfen): rustamank/shutterstock
33 (Rosenpflanze): Fedorov Oleksiy/shutterstock
37 (Feder): Yoko Design/shutterstock

Entdecke die Trickkiste Natur!

Was du vor dem Loslegen wissen solltest …

- Die Natur steckt voller Wunder. Um sie zu entdecken, musst du nicht weit reisen. Direkt vor unserer Haustür öffnet sich die Trickkiste Natur. An Material ist nicht viel erforderlich. Nützlich sind Taschenmesser, Lupe oder Becherlupe und evtl. ein Bestimmungsbuch.

- Bei den meisten Tricks kannst du selbst etwas ausprobieren. Dafür darfst du einzelne Pflanzen pflücken oder Tiere anfassen, hochheben und genauer anschauen. Wenn du Tiere fängst, behandle sie vorsichtig, um sie nicht zu verletzen, und setze sie bald an die Stelle zurück, an der du sie entnommen hast.

- Einige Experimente müssen genau nach Anleitung durchgeführt werden, weil sie ein gewisses Gefahrenpotenzial beinhalten. Sie sind besonders gekennzeichnet. Kinder dürfen diese Naturtricks nur zusammen mit einem Erwachsenen ausprobieren.

- Der Taschenführer ersetzt kein Bestimmungsbuch. Aus Gründen der Lesbarkeit haben wir daher auf die Nennung der lateinischen Artbezeichnungen verzichtet.

Jetzt auf in die Natur! Wir wünschen viel Spaß beim Entdecken, Staunen und Ausprobieren.

Dein BN-Autorenteam

DU,…

Der BN-Taschenführer richtet sich an alle naturbegeisterten und neugierigen Menschen egal welchen Alters. Wir haben als Anrede der Einfachheit halber das Du gewählt.

§§

Haftungsausschluss/Rechtliche Hinweise:

Die Benutzung dieses Buches und die Umsetzung der darin enthaltenen Informationen erfolgt ausdrücklich auf eigenes Risiko. Der Herausgeber und auch die Autoren können für etwaige Unfälle und Schäden jeder Art, die sich durch den Gebrauch des Buches ergeben, aus keinem Rechtsgrund eine Haftung übernehmen. Rechts- und Schadenersatzansprüche sind ausgeschlossen. Das Werk inklusive aller Inhalte wurde unter größter Sorgfalt erarbeitet. Dennoch können Druckfehler und Fehlinformationen nicht vollständig ausgeschlossen werden.
Beim Umgang mit lebenden Tieren sind die Vorgaben des Naturschutzgesetzes insbesondere zum Artenschutz einzuhalten.

FÜR DEINE NOTIZEN:

Inhalt

FÜR DEINE NOTIZEN:

DIE BLUTENDE BLÜTE

Aus den gelben Johanniskraut-Blüten kannst du einen Tropfen roten „Blutes“ pressen.

SO GEHT'S: Pflücke eine frische Blütenknospe des Johanniskrauts (1) und zerreibe sie zwischen den Fingern – es tritt tiefroter Saft aus (2).

NOCH EIN TIPP: Wenn man die Blätter gegen das Licht hält, sehen sie aus wie fein durchlöchert. Die „Löcher“ sind Drüsen, die ein durchsichtiges Öl enthalten – von daher auch der Name „Tüpfel-Johanniskraut“.

MEHR ZUM THEMA: **Das „Blut“ des Johanniskrauts**

Die rote Farbe kommt vom Farbstoff *Hypericin*, den die Blüten enthalten. Er wird für pflanzliche Arzneien verwendet, ist jedoch in Verbindung mit Sonnenlicht leicht giftig und kann Hautreizungen verursachen. Der Pflanze dienen diese Inhaltsstoffe wohl zur Abwehr von Krankheitserregern oder Fressfeinden. Sie tragen zudem zur Färbung der Blüten bei. Angesetzt in Öl (z.B. Olivenöl), gewinnt man aus den Blüten das so genannte *Rotöl*. Es ist ganz leicht selbst herzustellen: Fülle dafür die Blüten in ein großes Glas, bedecke sie mit Öl und stelle das Glas in die Sonne. Nach zwei Monaten ist das Öl gebrauchsfertig. Es wird gegen Rheuma, Gicht, Verstauchungen, aber auch zur Behandlung von Sonnenbrand eingesetzt.

MEHR ZUM THEMA: **Johanniskraut-Mythen**

Um das Johanniskraut, auch *Hartheu* genannt, ranken sich viele Sagen. In manchen Gegenden glaubten die Menschen, man würde für ein Jahr unsichtbar und verstünde in dieser Zeit die Sprache der Tiere und Naturgeister, wenn einem Johanniskraut am Johannistag (24. Juni) in den Schuh fällt. Auch für die punktierten Blätter fand der Volksglaube eine Erklärung: Bestimmt hatte der Teufel die Blätter vor Wut über die Heilkraft der Pflanze mit der Nadel durchlöchert.

Echtes oder Tüpfel-Johanniskraut | Fotos: Marco Fischer

FÜR DEINE NOTIZEN:

ÄHNLICHE THEMEN:
Pflanzliche Inhaltsstoffe zur Feindabwehr

–> ***10*** Das schwebende Zauberblatt
–> ***13*** Waldige Weihnachtsdüfte
–> ***19*** Hände waschen mit Kastanien
–> ***20*** Vom Giftbusch naschen?

DER POLLENKLAPPAPPARAT

Wer eine Salbeiblüte „betritt“, bekommt automatisch den Rücken mit Pollen bepudert.

SO GEHT'S: Mit einem Stöckchen kannst du den Mechanismus der Salbeiblüte auslösen: Finde die „Trittplättchen“ am Grund der Blüte, so wie es die Abbildung zeigt (1). Drücke sie vorsichtig nach unten (2). Sie sind über einen Hebel mit den darüber liegenden Staubblättern verbunden, die sofort herunterschnellen (3). Krabbelt eine Biene oder Hummel in die Blüte, um an den Nektar zu gelangen, drückt sie unweigerlich den Hebel herunter und es wird ihr eine Portion Pollen auf den Rücken getupft.

02 – Der Pollenklappapparat

MEHR ZUM THEMA: **Blütenpflanzen und Insektenbestäubung**

Viele Pflanzen nutzen Insekten, um sich fortzupflanzen – deren Anlockung ist die eigentliche Aufgabe jeder auffälligen Blütenpracht. Die Strategien sind dabei höchst unterschiedlich. Manche Blüten sind so gestaltet, dass sie von einer Vielzahl von Insektenarten besucht werden, die den Pollen nebenbei zur nächsten Blüte mitnehmen. Der Nektar und Pollen flacher Blüten wie z.B. der Schafgarbe können auch von Käfern, die kurze Mundwerkzeuge haben, erreicht werden. Für lange röhrenförmige Blüten brauchen Insekten speziell angepasste Rüssel wie ihn Schmetterlinge haben. Sogenannte *Saftmale* auf der Blüte zeigen Insekten an, wo sie Nektar finden. Häufig sind diese für Menschen unsichtbar, da ihre Farbe im ultravioletten Bereich der Farbskala liegt. Auch Gerüche weisen Insekten den Weg zum Nektar. Für unser menschliches Empfinden sind das jedoch nicht immer wohlriechende Düfte: Der Aronstab verströmt zum Beispiel einen fauligen Geruch, der Fliegen und Käfer anlockt. Seine Blüte ist zur Falle umgebaut. Er ernährt die gefangenen Insekten mit Nektar und lässt sie erst nach gründlicher Bepuderung mit Pollen wieder frei, damit sie andere Aronstabpflanzen befruchten können.

Wiesen-Salbei | Foto: Ulli Sacher-Ley

Heilsalbei | Foto: Matthias Zimmermann/natur-lexikon.com

FÜR DEINE NOTIZEN:

ÄHNLICHE THEMEN:

Bestäubungsmechanismen

–› ***09*** Die kitzlige Berberitze

Blütenfarben und -formen

–› ***01*** Die blutende Blüte
–› ***27*** Sauer macht rot

SPRING, KRAUT!

Die reifen Schoten des Rühr-mich-nicht-an „explodieren“ bei der kleinsten Berührung.

SO GEHT'S: Suche nach reifen, besonders prallen Samenschoten des Springkrauts, die sich schon leicht verfärben (1). (Es funktioniert mit allen bei uns vorkommenden Arten.) Drücke eine Schote leicht zwischen Daumen und Zeigefinger zusammen (2). Wie mit einer gespannten Feder werden die Samen explosionsartig herausgeschleudert (3). Nicht erschrecken! Nicht umsonst nennt man die Pflanze auch „Rühr-mich-nicht an“.

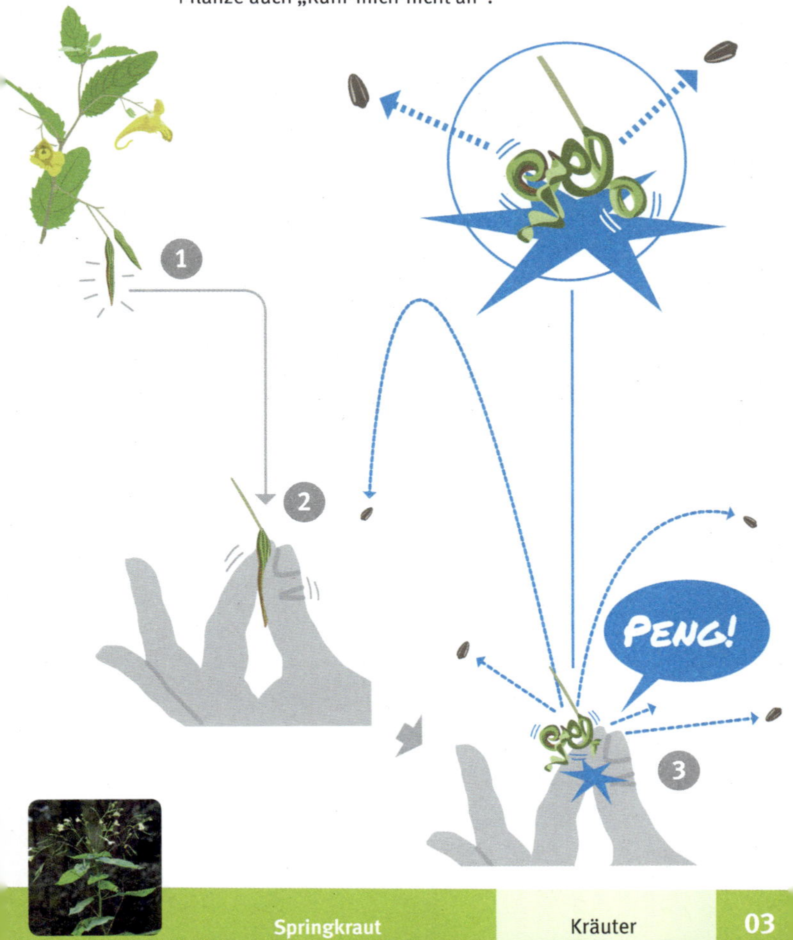

03 – Spring, Kraut!

MEHR ZUM THEMA: Der Schleudermechanismus des Springkrauts

Der Trick des Springkrauts ist der sogenannte *Saftdruckstreuer* – ein Überdruck des Zellsafts (*Turgor*) wird dabei explosionsartig entladen. Das funktioniert sowohl bei den beiden heimischen Arten – dem Kleinblütigen und dem Großen Springkraut – als auch mit dem aus Asien eingeschleppten Drüsigen Springkraut (siehe Fotos). Neben dem Springkraut hat auch das Wiesenschaumkraut oder die im Mittelmeergebiet heimische Spritzgurke diesen Trick auf Lager.

MEHR ZUM THEMA: Pflanzentricks der Samenausbreitung

Pflanzen können sich nicht aktiv fortbewegen und nutzen daher verschiedene andere Wege, um für sich oder ihren Nachwuchs neue Gebiete zu erschließen. Manche versuchen ihre Samen einfach möglichst weit weg zu schleudern, siehe oben. Viele vertrauen sie dem Wind (Löwenzahn) oder dem Wasser (Kokosnuss) an, andere heften sie an Tiere (Kletten-Labkraut) oder lassen sie von diesen verschlucken (Holunder).

Links: **Kleinblütiges Springkraut** | Mitte oben: **Echtes Springkraut oder Rühr-mich-nicht an** | Mitte unten: **Indisches oder Drüsiges Springkraut** | Fotos: Marco Fischer

„Explodierte“ Springkraut-Schote
Foto: Uli Knapp

FÜR DEINE NOTIZEN:

ÄHNLICHE THEMEN:
Samen- (und Sporen-) ausbreitung
-> ***04*** Die kleine Mohnpagode
-> ***05*** Pustehimmel oder -hölle?
-> ***08*** Die Klebkrautschlacht
-> ***16*** Die „Anschisspflanze“
-> ***17*** Propellersamen
-> ***23*** Rauchende Pilze

04

DIE KLEINE MOHNPAGODE

Probiere aus, wie weit die Samenkörner aus reifen Mohnkapseln verstreut werden.

SO GEHT'S: Die winzigen blauschwarzen Samen des Klatschmohns reifen in Kapseln heran, die wie kleine Pagoden aussehen (1): Unter dem dachartig verbreiterten Deckel sitzt ein Ring aus kleinen Löchern. Wenn die Samen reif sind, hörst du sie innen rasseln. Schüttle die Kapsel leicht, und die Samen streuen in weitem Bogen heraus (2).

MEHR ZUM THEMA: **Samenverbreitung durch „Windschleuder"**

Die räumliche Verbreitung der eigenen Samen ist für alle Pflanzen eine Herausforderung, der sie höchst unterschiedlich begegnen (siehe Hinweis auf ähnliche Themen unten)**. Sehr viele nutzen den Wind, wobei den Samen des Klatschmohns die besondere Bauweise der Kapsel zu größerem Schwung verhilft: Das Dach dient nicht nur als Regenschutz sondern auch als Windfang – Windböen biegen den elastischen Stängel, auf dem die Kapsel sitzt, deshalb stark hin und her. Dadurch werden die herausfallenden Samen zusätzlich beschleunigt. Bis zu vier Meter weit schleudern sie so in alle Richtungen.**

Die Samenkapsel des Mohns war für Raoul Heinrich Francé (1874–1943, österreichisch-ungarischer Botaniker, Mikrobiologe und Mitbegründer der Bodenökologie) Vorbild für die Entwicklung eines Salzstreuers, den er 1920 zum Patent anmeldete. Sein Salzstreuer verteilte zwar das Salz gleichmäßig, aber auch über den gesamten Tisch. Er konnte sich nicht durchsetzen.

Klatschmohnblüte mit Schwebfliege
Fcto: Uli Knapp

Mohnkapseln, die obere ausgereift
Foto: PublicDomainPictures/Pixabay

FÜR DEINE NOTIZEN:

ÄHNLICHE THEMEN:
Samen- (und Sporen-) ausbreitung

–› ***03*** Spring, Kraut!
–› ***05*** Pustehimmel oder -hölle?
–› ***08*** Die Klebkrautschlacht
–› ***16*** Die „Anschisspflanze"
–› ***17*** Propellersamen
–› ***23*** Rauchende Pilze

PUSTEHIMMEL ODER -HÖLLE?

Im Inneren mancher Pusteblume verbirgt sich ein „finsteres Geheimnis" …

SO GEHT'S: Für dieses kleine Ratespiel brauchst du den abgeblühten Blütenstand des Löwenzahns: die Pusteblume. Puste die Schirmchen weg. Ist das leere Köpfchen gleichmäßig hell (1), kannst du aufatmen: du hast eine „Himmel-Pusteblume" erwischt. Falls du aber dunkle Flecken erblickst (2), hast du eine „Hölle" in der Hand.

NOCH EIN TIPP: Ob Hölle oder Himmel, bei leichtem Wind bietet sich auch ein spannendes Wett-Weitfliegen mit den Samenschirmchen an.

MEHR ZUM THEMA: **Windverbreitung von Samen**

Die Samen des Löwenzahns hängen an Schirmchen aus haarfeinen Fasern. Wie ein Fallschirm verlangsamen diese den Fall und ermöglichen es dem Wind, sie wegzutragen. Damit verhindert die Mutterpflanze die Konkurrenz des eigenen Nachwuchses mit ihr selbst um Wasser und Nährstoffe; die Art kann sich neuen Lebensraum erschließen. Wissenschaftler haben erforscht, dass Löwenzahnsamen (bei Windstille) mit 0,38 Metern pro Sekunde zu Boden fallen. Die meisten Löwenzahnsamen landen dabei im Umkreis von einem Meter. Unter günstigen Bedingungen können sie aber kilometerweit fliegen! Die Ausbreitungsmethode Windtransport hat sich im Pflanzenreich bewährt. Viele Pflanzensamen sind daher besonders leicht. Manche sind ebenfalls Schirmchenflieger (z.B. Wiesen-Bocksbart, Disteln), andere haben flügel- oder segelförmige (z.B. Ahorn, Linde), haarige, federige (z.B. Waldrebe) oder wollige Anhängsel (z.B. Weiden, Pappeln), die den Wind einfangen, um sich von ihm möglichst weit mitnehmen zu lassen.

Verblühter Löwenzahn mit reifen Samenschirmchen („Pusteblume“) | Foto: Roman Gureev/Fotolia

FÜR DEINE NOTIZEN:

ÄHNLICHE THEMEN:

Windverbreitung von Samen (und Sporen)

–› **04** Die kleine Mohnpagode
–› **17** Propellersamen
–› **23** Rauchende Pilze

Noch ein Trick mit Löwenzahn

–› **06** Löwenzähne kringeln

LÖWENZÄHNE KRINGELN

Aus den Stängeln des Löwenzahns kannst du lustige Kringel machen.

SO GEHT'S: Schneide den Stängel einer Löwenzahnblüte wie abgebildet der Länge nach ein (1) und tauche ihn in Wasser (2). Er kringelt sich wie Locken (3).

NOCH EIN TIPP: Die Kringel bleiben erhalten, wenn du den Stängel herausnimmst. Man kann sie aber wieder glätten, indem man das Wasser stark zuckert und den Stängel erneut hineintaucht.

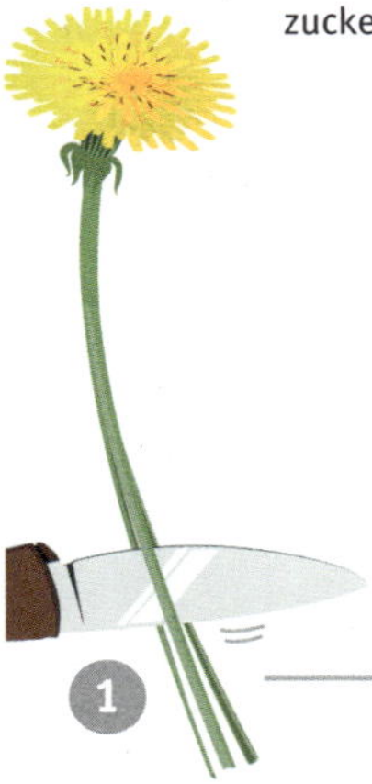

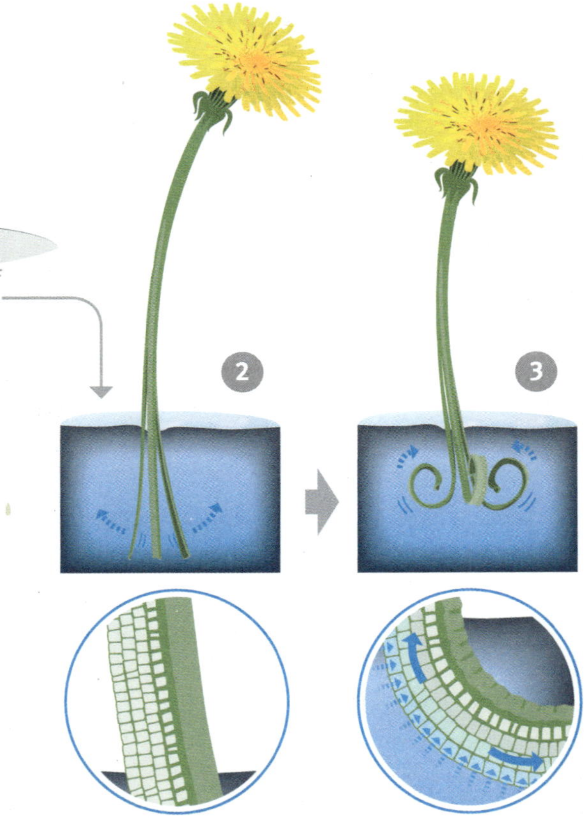

MEHR ZUM THEMA: **Pflanzliche Bewegungstricks**

Grund für die Entstehung der Kringel ist die sogenannte *Osmose*: Der Saft der Pflanzenzellen enthält viele gelöste Stoffe, vor allem Zuckermoleküle, die sich gern mit möglichst vielen Wasserteilchen umgeben. Werden die Pflanzenstücke untergetaucht, „saugen“ diese Inhaltsstoffe sozusagen zusätzliches Wasser durch die durchlässige Zellwand nach innen und halten es dort fest. Dadurch erhöht sich im Inneren der Zellen der *osmotische Druck (=Turgor)*, und die Zellen quellen auf. Da aber die Außenhaut des Löwenzahnstängels relativ dickwandig und steif ist, dehnen sich nur die inneren Zellen aus, und die Stängelstreifen kringeln sich. Wenn man nun das umgebende Wasser stark zuckert, sind irgendwann die Zuckermoleküle außerhalb der Zellen in der Überzahl und ziehen das in die Zellen eingedrungene Wasser wieder heraus.

Übrigens: Mit Stängeln kannst du noch mehr Interessantes anfangen, zum Beispiel geheime Botschaften schreiben oder malen. Verfasse mit dem weißen Saft der Stängel eine Nachricht auf einem Papier und lege dieses in die Sonne. Durch den Einfluss von Luftsauerstoff und Sonnenlicht färbt sich der weiße Saft braun – die Botschaft wird sichtbar. Dieser Vorgang heißt *Oxidation*.

Löwenzahnblüten mit Distelfalter | Foto: farbkombinat/Fotolia

FÜR DEINE NOTIZEN:

ÄHNLICHE THEMEN:

Pflanzliche Bewegungstricks
–› ***09*** Die kitzlige Berberitze
–› ***18*** Zapfenwetterbericht

Noch ein Trick mit Löwenzahn
–› ***05*** Pustehimmel oder -hölle?

BRENNNESSELBONBONS

Mit Geschick, Vorsicht und Mut lässt sich ein Brennnesselblatt schmerzlos verzehren.

SO GEHT'S: Zupfe vorsichtig ein junges Blättchen von der Spitze einer Brennnessel (1). Die Brennhaare sind dort so zart, dass sie nicht durch die Hornhaut der Fingerkuppen stechen. Ziehe es mehrmals vom Stiel zur Spitze durch die Finger, dadurch knickst du die Brennhaare ab (2). Dann falte das Blatt über die Oberseite zu einem kleinen Päckchen (3) und knete es gründlich zwischen den Fingern (4). Stecke das „Brennnesselbonbon" in den Mund und zerkaue es. Genieße das Aroma des Brennnesselsafts (5)!

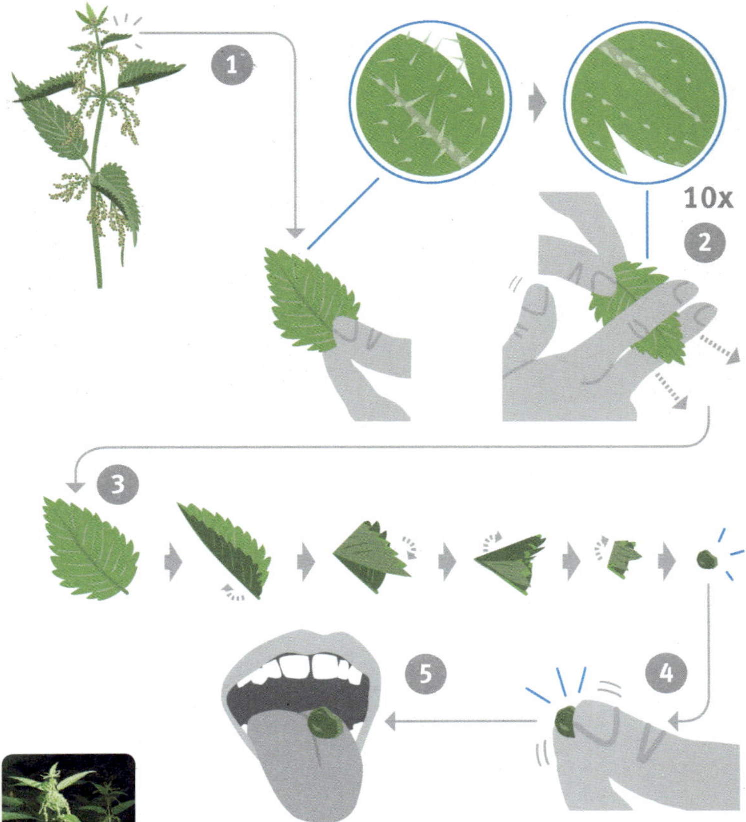

MEHR ZUM THEMA: **Wie die Brennnessel „brennt".**

Jedes Brennhaar der Brennnessel besteht aus einer einzigen Zelle, die unten kolbenartig verdickt ist und sich nach oben wie eine Nadel verjüngt. Die Nadel ist wegen der in ihr eingelagerten Kieselsäurekristalle äußerst spröde und bricht bei Berührung sofort ab. Die Bruchstellen sind scharfkantig und dringen leicht in die Haut ein. Aus dem elastischen Kolben am unteren Ende wird ein ameisensäurehaltiges Tröpfchen wie mit einer Spritze in die Haut gepresst – eine unangenehme Erfahrung, die Mensch und Tier in der Regel meiden. Der Trick wirkt aber nicht gegen alle Fressfeinde: Über 50 Schmetterlingsarten wie Kleiner Fuchs und Tagpfauenauge ernähren sich als Raupe fast ausschließlich von Brennnesseln, weshalb dieses „Unkraut" als *Schmetterlingsweide* auch durchaus nützlich ist.

Noch ein Tipp, falls dich die Nessel doch „gebrannt" hast: Reibe die Stelle mit dem Saft eines Breitwegerich-Blattes ein.

Große Brennnessel mit Blüten
Foto: Marco Fischer

Nahaufnahme der Brennhaare
Foto: Otmar Diez

FÜR DEINE NOTIZEN:

ÄHNLICHE THEMEN:

Abwehrtricks der Pflanzen
–> ***10*** Das schwebende Zauberblatt
–> ***20*** Vom Giftbusch naschen?

Riechen und Schmecken
–> ***13*** Waldige Weihnachtsdüfte
–> ***20*** Vom Giftbusch naschen?

DIE KLEBKRAUT-SCHLACHT

Das anhängliche Kletten-Labkraut eignet sich für klebrige Späße und krautige Streiche.

SO GEHT'S: Das Kletten-Labkraut, auch Klebkraut genannt, ist wie ein Klettverschluss mit kleinen Widerhaken übersät (1). Damit hält es sich an anderen Pflanzen fest. Doch nicht nur an anderen Pflanzen: es bleibt auch an Haaren und faserigen Stoffen hängen. Die Stränge lassen sich zu Bällen oder Kränzen formen. Wer mag, kleidet sich komplett in einen Klebkraut-Tarnanzug. Oder bewirft Freunde damit – und schon beginnt eine wilde Schlacht (2)!

08 – Die Klebkrautschlacht

MEHR ZUM THEMA: **Der Klettertrick des Klebkrauts**

Das Kletten-Labkraut ist ein sogenannter *Spreizklimmer*. Es nutzt seine über den ganzen Pflanzenkörper verteilten Borstenhaare mit Widerhaken, um sich an anderen Pflanzen festzuhalten und an ihnen hochzuwachsen. Auf deren Kosten spart es sich eigene stabile Stängel und bildet nur dünne, lianenartige Stränge, die rasch in die Länge wachsen. Andere Kräuter werden dadurch überwuchert und manchmal geradezu unter einer miteinander verfilzenden Klebkraut-Matte erstickt. Außerdem nutzt das Klebkraut auch an seinen Samen die Widerhakentechnik: Die reifen braunen Kügelchen heften sich an vorbeistreifende Tiere und können so weit „per Anhalter" reisen. Mehr zu „Anhalter-Samen" siehe –> ***16*** Die „Anschisspflanze"

Übrigens: Das Kletten-Labkraut ist bei uns sehr häufig, daher brauchst du auch kein schlechtes Gewissen zu haben, wenn du einige Stränge für eine Klebkrautschlacht verwendest.

Kletten-Labkraut, Stängel mit „Klebhaaren"

Nahaufnahme der Früchte

Fotos: Albrecht Muscholl-Silberhorn

FÜR DEINE NOTIZEN:

ÄHNLICHE THEMEN:

Tiertransport von Pflanzensamen

–> ***16*** Die „Anschisspflanze"

Haarige Pflanzentricks

–> ***07*** Brennnesselbonbons

Noch ein Trick mit Häkchen

–> ***37*** Der Federnreißverschluss

DIE KITZLIGE BERBERITZE

Den Klappmechanismus der Berberitzenblüte kann man durch „Kitzeln“ auslösen.

SO GEHT'S: Finde einen blühenden Berberitzenstrauch (1). Berühre mit einem Grashalm mit leichtem Druck die Unterseiten („Achseln“) der kleinen Staubfäden in der Blüte (2). Sie klappen plötzlich herunter (3) und richten sich sogleich wieder auf (4). Dadurch stempeln sie Pollen auf Blütenbesucher. Anders als z.B. beim Salbei handelt es sich aber nicht um einen Hebelmechanismus, sondern um eine „echte“ Pflanzenbewegung – mehr dazu auf der Rückseite.

09 – Die kitzlige Berberitze

MEHR ZUM THEMA: **Pflanzliche Bewegungstricks**

Hinter schnellen Bewegungen bei Pflanzen steckt meistens der *osmotische Zellsaftdruck* (*Turgor*), den bestimmte Zellen blitzschnell ablassen und wieder aufbauen können, ähnlich wie bei einem losgelassenen Luftballon. Erklärung siehe –› *06* Löwenzähne kringeln

Viele fleischfressende Pflanzen nutzen dies auch für ihren Fangmechanismus. Aber auch der für die „Opfer" harmlosere Klappmechanismus der Berberitze funktioniert nach diesem Prinzip. Manche Blütenpflanzen wie Schneckenklee und Besenginster besitzen einen Schnellmechanismus, der – einmal ausgelöst – nicht wiederholbar ist. Der Salbei besitzt dagegen einen mechanischen Bestäubungsmechanismus, der auf Hebelwirkung beruht. –› *02* Der Pollenklappapparat

Übrigens sind alle Teile der Berberitze schwach giftig – bis auf die reifen säuerlichen Beerenfrüchte. Traust du dich sie zu versuchen: –› *20* Vom Giftbusch naschen?

Gewöhnliche Berberitze, Herbstaspekt mit Früchten
Foto: Dr. Rainer Nowak/bilderwelt-natur.de

Zweig mit Blüten | Foto: J.F. Gaffard/Wikimedia Commons

FÜR DEINE NOTIZEN:

ÄHNLICHE THEMEN:

Bestäubungsmechanismen
–› *02* Der Pollenklappapparat

Bewegungstricks mit Pflanzen
–› *06* Löwenzähne kringeln

Noch ein Trick mit der Berberitze
–› *20* Vom Giftbusch naschen?

DAS SCHWEBENDE ZAUBERBLATT

Ein Hartriegel-Blatt wird geteilt – und bleibt an „unsichtbaren Fäden“ hängen.

SO GEHT'S: Pflücke ein Blatt vom Hartriegelstrauch (1) und klemme es wie abgebildet mit beiden Händen zwischen den Fingern fest (2). Ziehe die Hälften vorsichtig auseinander, bis das Blatt zerreißt (3), halte aber die Teile noch nahe zusammen (4)! Die Blattadern bleiben mit haarfeinen Saftfäden verbunden, die schnell aushärten und das lose Teil dann tragen können: Das „Zauberblatt“ scheint an unsichtbaren Fäden zu schweben (5).

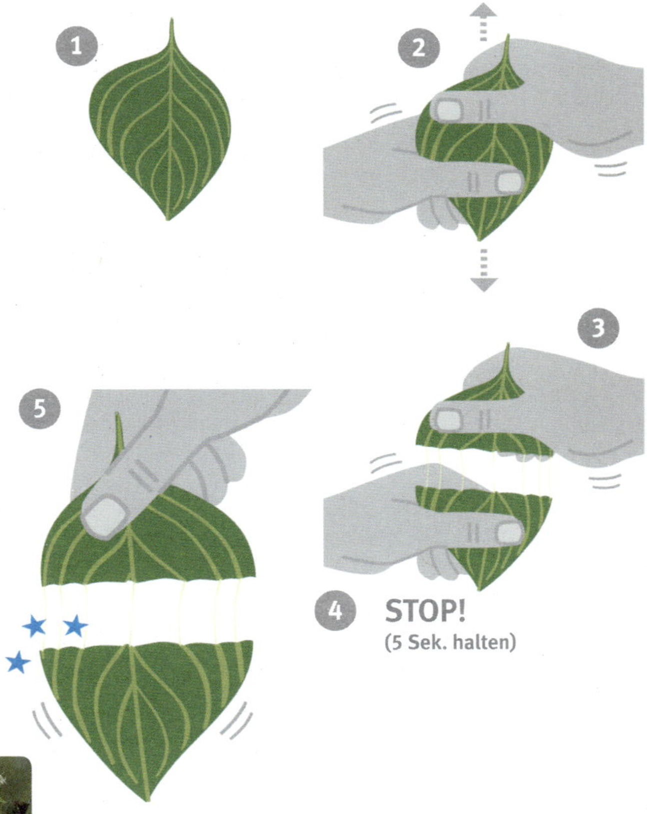

10 – Das schwebende Zauberblatt

MEHR ZUM THEMA: **Abwehrtricks der Pflanzen**

Pflanzen müssen ihre Blätter gegen Tiere verteidigen, die sie fressen möchten. Einige lassen sich Stacheln, Dornen oder Brennhaare wachsen. Andere sind bitter, scharf und/oder giftig. Die Strategie des Hartriegels ist es, in seinen Adern einen Saft zu produzieren, der bei Luftkontakt zähflüssig aushärtet. Beißt eine Raupe oder ein Käfer in das Blatt, verkleben in Sekundenschnelle die Mundwerkzeuge. Du kannst das selbst ausprobieren, wenn dir das etwas unangenehm-klebrige Gefühl nichts ausmacht. Stecke jedoch keine größeren Mengen in den Mund, denn Blätter und Früchte des Hartriegels sind für den Menschen schwach giftig.

Roter Hartriegel | Fotos: Marco Fischer

FÜR DEINE NOTIZEN:

ÄHNLICHE THEMEN:

Weitere Abwehrtricks der Pflanzen

–› *07* Brennnesselbonbons
–› *20* Vom Giftbusch naschen?

SCHLAFENDE BABYBLÄTTER

In Winterknospen sind bereits Mini-Blätter und Blüten eingepackt. Packe sie einfach mal aus.

SO GEHT'S: Die Knospen der Rotbuche eignen sich gut für diesen Versuch. Entferne die äußeren braunen Hüllblätter (1–2). In der Knospe ist das komplette Ästchen mit allen Blättern und den charakteristischen Wimpern am Blattrand angelegt. Falte die Blätter vorsichtig auseinander und du bekommst Miniaturblättchen wie aus der Puppenstube (3).

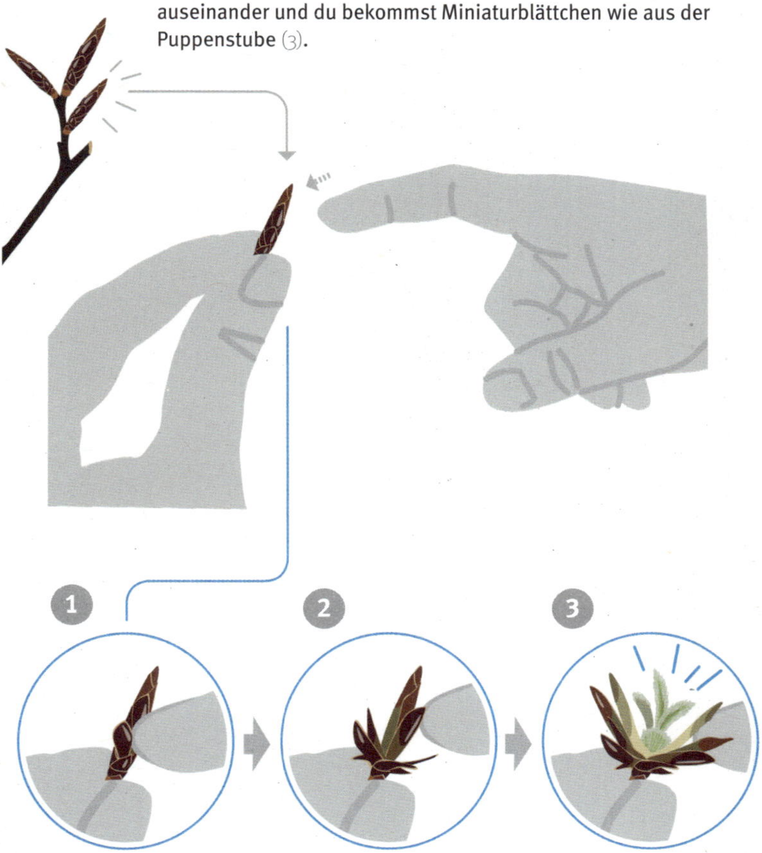

11 – Schlafende Babyblätter

MEHR ZUM THEMA: **Überwinterungsstrategie der Laubgehölze**

Laubbäume werfen ihre Blätter im Herbst ab. Vorher ziehen sie Nährstoffe aus den Blättern ab und lagern sie in Stamm und Wurzeln ein. Für das nächste Frühjahr legen sie Miniaturblätter und -blüten in Winterknospen an. Die Beschaffenheit der Knospen ist charakteristisch für die Art, so dass die meisten Bäume und Sträucher auch im Winter gut bestimmt werden können.
Ein Merkmal ist beispielsweise, ob die Knospe mit Knospenschuppen bedeckt ist oder nicht, also nackte Knospen hat. Viele Knospen sind wie mit einem Wintermantel umkleidet. Manche besitzen Haare oder sind mit einem klebrigen, harzigen und wasserabweisenden Sekret überzogen, das die Knospenschuppen miteinander verklebt. Die Rosskastanie hat solche extrem klebrigen Knospen.

Übrigens: Rotbuchen-Babyblätter kannst du essen. Sie schmecken leicht nussig.

Zweig der Rotbuche im Spätherbst mit altem Blatt und Winterknospen

Geöffnete Knospe

Fotos: Marco Fischer

FÜR DEINE NOTIZEN:

ÄHNLICHE THEMEN:
Weitere Blatt-Tricks

-> ***07*** Brennnesselbonbons
-> ***10*** Das schwebende Zauberblatt
-> ***12*** Das Zombieblatt
-> ***33*** Das löchrige Rosenblatt

DAS ZOMBIEBLATT

Manches Blatt schmückt sich mit seltsamen bunten Gebilden – doch unter fremdem Zwang!

SO GEHT'S: An den Blättern und Zweigen vor allem von Bäumen und Sträuchern kannst du manchmal farbenfrohe Wucherungen entdecken: die sogenannten *Gallen*. Auf Eichenblättern sehen sie oft aus wie kugelrunde kleine Äpfel (1). Schneide eine Galle auf (2). Im Inneren findest du – meist in einer oder mehreren Kammern – kleine weiße Larven (3). Sie sind es, die das Blatt zur Gallenbildung zwingen, um darin geborgen und gut genährt aufwachsen zu können.

12 – Das Zombieblatt

MEHR ZUM THEMA: **Was steckt hinter bzw. in den Gallen?**

Gallen entstehen, indem Insektenlarven oder Milben in das Blatt der Wirtspflanze verschiedene wachstumsfördernde und -hemmende Hormone abgeben. Sie zwingen die Pflanze so dazu, Gewebewucherungen auszubilden, in denen sie geschützt heranwachsen können. Die Wirtspflanze erzeugt für sie zudem ein spezielles Nährgewebe. Es gibt eine Vielzahl verschiedener Pflanzengallen. Fichtengallen werden von winzigen Läusen ausgelöst, Gallen an Eichen von Gallwespen oder Gallmücken. Auch an Wildrosen findet man Gallen, die so genannten „Schlafäpfel". Übrigens: Gallen wurden für verschiedene Zwecke genutzt. Schlafäpfel sollten, unter das Kopfkissen gelegt, schlaffördernd wirken. Aus Eichengallen und weiteren Zutaten fertigte man von der Antike bis ins 19. Jahrhundert *Eichengallustinte*. Dabei machte man sich das Phänomen zunutze, dass die Gerbsäure der Galläpfel Eisen schwarz färbt. Das kannst du ausprobieren, indem du mit einem Eisennagel an der Schnittfläche einer Galle reibst. Schnittfläche und Nagel werden schwarz.

o.: **Eichengalle** | Foto: Christine Ziegler
u.: **Eichengallwespe** | Foto: Wofl/Wikimedia Com.[A]

o.: **Gallen auf Schneeball** | Foto: Karl Herrmann
u.: **„Schlafapfel"-Galle** | Foto: Eugenie Scherb

FÜR DEINE NOTIZEN:

ÄHNLICHE THEMEN:

Weitere Blatt-Tricks

–> ***07*** Brennnesselbonbons
–> ***10*** Das schwebende Zauberblatt
–> ***11*** Schlafende Babyblätter
–> ***33*** Das löchrige Rosenblatt

13

WALDIGE WEIHNACHTSDÜFTE

Schnuppere im Wald nach Marzipan-, Orangen- und dem typischen Weihnachtsbaumgeruch!

SO GEHT'S: Die Nadeln der Weißtanne duften ganz typisch nach Weihnachten. Reibe daran und du kannst dich sogar mitten im Sommer in Weihnachtsstimmung versetzen (1). Zerriebene Nadeln einer Douglasie verströmen einen würzigen Geruch nach Orangen (2). Schneide oder knicke den Zweig einer Traubenkirsche ab und schnuppere an der Schnittstelle. Sie riecht eindeutig nach Marzipan (3).

! Bitte beachte: Trotz ihres leckeren Duftes sind diese Pflanzen nicht essbar!

MEHR ZUM THEMA: **Duftstoffe in Pflanzen**

Der Duft der Traubenkirsche entsteht, weil sich die in der Rinde enthaltenen giftigen *Glykoside* an der Luft zu Bittermandelöl und Blausäure zersetzen, wie sie in geringen Mengen auch in Marzipan vorkommen. Auch andere Bäume verströmen mehr oder weniger angenehme Gerüche. Besonders an frisch gefällten Stämmen kannst du interessante Schnuppererlebnisse haben. Eichen riechen dann extrem nach Essiggurken. Das liegt an der enthaltenen Gerbsäure.

Lindenholz ist sehr fettsäurehaltig, es riecht etwas seifig, Birkenholz auch in frischem Zustand muffig. Wer an Tannenholz schnuppert, fühlt sich oft an alte Kirchenräume erinnert. Einen würzigen intensiven Harzgeruch hingegen verströmt Lärchenholz. Auch die Nadeln duften angenehm.

Übrigens: Viele Duft- und Aromastoffe dienen Bäumen als Schutz vor Schädlingen. Sie sollen Angreifern den Appetit vergällen.

Douglasie | Foto: TSD/Wikimedia Commons [C]

Junge Weißtannen
Foto: Thomas Iberl

Traubenkirsche | Foto: Udo Schröter/Wikimedia Commons [B]

FÜR DEINE NOTIZEN:

ÄHNLICHE THEMEN:

Bäume mit besonderen Inhaltsstoffen
–> ***19*** Hände waschen mit Kastanien
–> ***20*** Vom Giftbusch naschen?

Noch ein Trick mit der Traubenkirsche
–> ***34*** Der Gespensterbaum

SCHAUMHOLZBLÄSER

Kann man durch ein Holzstück pusten?

SO GEHT'S: Gut geeignet für diesen Trick ist ein flaches Stück oder eine dünn gesägte Scheibe (maximal 2 cm dick) aus Eichen- oder Eschenholz; es muss quer zur Stammrichtung geschnitten sein. Benetze eine Schnittfläche mit Wasser (1) und verstreiche etwas Spülmittel darauf (2). Presse deinen Mund fest auf die andere (trockene) Seite der Scheibe und puste kräftig in das Holz (3). Das Spülmittel beginnt zu schäumen! (4).

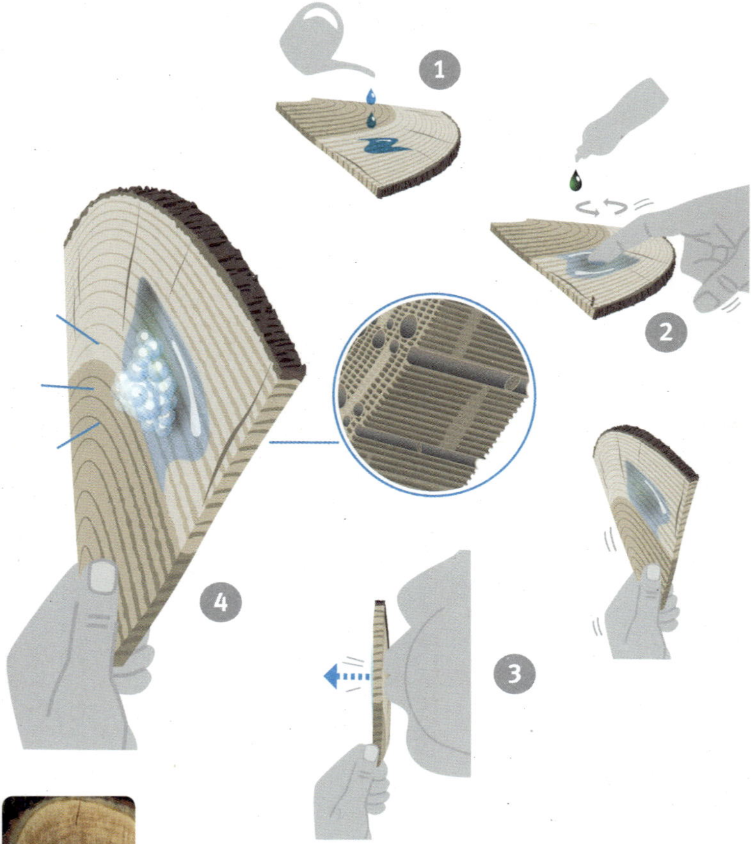

14 – Schaumholzbläser

MEHR ZUM THEMA: **Röhrenstrukturen im Holz**

Der Stamm dient dem Baum nicht nur als Stütze, es müssen auch Wasser (nach oben) und Nährstoffe (in beide Richtungen) zwischen Wurzel und Krone transportiert werden. Daher ist das Holz durchdrungen von dünnen Röhrchen, den sogenannten *Leitungsbahnen*. In manchen Laubhölzern wie Eiche, Esche oder Ulme, den so genannten *ringporigen* Hölzern, erkennst du im Querschnitt die großen Wasserleitungsröhren mit bloßem Auge als kleine Löcher. Diese sogenannten *Tracheen* sind in den Jahresringen gehäuft – und man kann auch hindurch pusten. (Betrachte hierzu die Vergrößerung im Kreis auf der Vorderseite.)

MEHR ZUM THEMA: **Wassertransport gegen die Schwerkraft**

Pflanzen besitzen keine Herzen oder sonstige Pumporgane – wie stellt ein 40 m hoher Baum die Wasserversorgung seiner Krone sicher? In dünnen Röhren steigt Wasser entgegen der Schwerkraft ein Stück von allein nach oben. Ursache dieses *Kapillareffekts* ist vor allem die *Oberflächenspannung* des Wassers. Zusätzlicher Antrieb ist ein starker Sog von oben; er entsteht, wenn die Blätter Wasser verdunsten. Außerdem können die Wurzeln von unten mit leichtem Überdruck nachhelfen. So werden auch große Höhenunterschiede mühelos überwunden.

Erklärung der Oberflächenspannung bei –› ***35*** Die das Wasser eindellen

li: **Querschnitt Eichenstamm,** re: **Nahaufnahme Jahresringe mit „Tracheen“** | Fotos: Thomas Iberl

FÜR DEINE NOTIZEN:

ÄHNLICHE THEMEN:

Tricks mit Wasser
–› ***06*** Löwenzähne kringeln
–› ***19*** Hände waschen mit Kastanien
–› ***35*** Die das Wasser eindellen

DIE NUSSFACKEL

Den hohen „Brennwert“ von Nüssen erlebt man, indem man sie einfach anzündet.

Bitte beachte! Kinder dürfen diesen Trick nur in Begleitung Erwachsener durchführen. Halte mindestens einen Liter Löschwasser oder einen Eimer feuchte Erde/Sand bereit. Im Umkreis von mindestens 3 m darf sich kein brennbares Material befinden. Nicht bei starkem Wind durchführen. Im Wald ist Feuer machen generell verboten.

SO GEHT'S: Finde eine reife Haselnuss (1). Entferne die harte Schale und die dunkle innere Haut (2) und spieße die „nackte“ Nuss auf ein Hölzchen (3). Entzünde sie am besten mit einer Kerzenflamme (4). Es dauert einige Zeit, und die Nuss brennt von alleine (5). Wenn sie nach ein paar Minuten ausgebrannt ist, lösche die Asche mit Wasser oder bedecke sie gut mit Sand oder feuchter Erde (6).

MEHR ZUM THEMA: **„Brennstoffgehalt" von Pflanzensamen**

Jeder Pflanzensamen enthält ein Nährstoff-Startpaket, mit dem der Keimling die Zeit überbrückt, bis er mit eigenen Blättern das Licht erreicht hat. Bei dieser Nährstoffzuteilung verfolgen Pflanzen verschiedene Strategien: Manche Arten streuen massenhaft winzige Samen mit wenig Nährstoffvorrat aus, von denen nur ein geringer Anteil als Keimling überlebt. Andere Pflanzenarten, vor allem viele Bäume, erzeugen Samen und Früchte mit größerem Nährstoffvorrat. Damit können diese Keimlinge auch an weniger optimalen Stellen gedeihen und zum Beispiel länger dem Licht entgegenwachsen. Die Haselnuss enthält einen besonders hohen Anteil an brennbaren Fetten, sie ist sozusagen die Brennstoffkapsel für den Wachstumsstart des Haselstrauchs. Daher sind auch die Kalorienangaben auf Knabberzeugpackungen mit Nüssen so hoch.

Fast reife Haselnüsse am Strauch | Foto: Marco Fischer

FÜR DEINE NOTIZEN:

ÄHNLICHE THEMEN:

Weitere Tricks mit Samen und Früchten

–> ***17*** Propellersamen
–> ***19*** Hände waschen mit Kastanien
–> ***20*** Vom Giftbusch naschen?
–> ***38*** Fliegende Nussknacker

10

DIE „ANSCHISSPFLANZE“

Wie Pflanzen ihre Samen gegen „Bezahlung“ von Tieren transportieren lassen.

SO GEHT'S: An einem Beerenstrauch mit reifen Früchten, zum Beispiel einem Holunder, siehst du häufig Vögel, die von den Beeren fressen (1). In der Nähe oder auch an völlig anderen Orten findest du manchmal roten Vogelkot. Oft sind darin deutliche Beerenreste mit Kernen, den Samen, zu sehen (2). Aus diesen keimen später Nachkommen der Elternpflanze (3). Unter günstigen Bedingungen wachsen manche davon wieder zu einem neuen Strauch heran. Viele Heckenpflanzen werden also nicht von Menschen angepflanzt, sondern durch die Vögel sozusagen „angeschissen“.

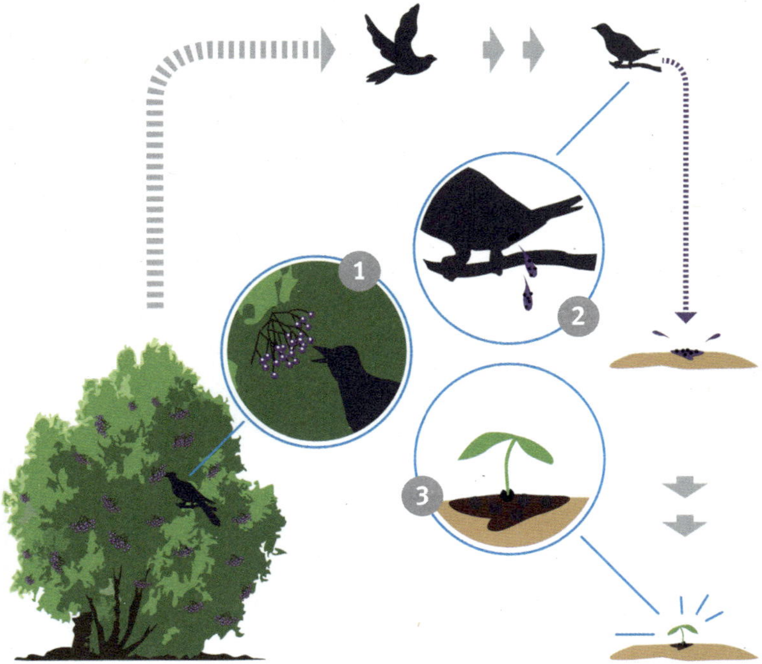

16 – Die „Anschisspflanze“

MEHR ZUM THEMA: **„Anhalter-Samen“ im Bauch von Tieren**

Viele Pflanzen nutzen die Fortbewegung von Tieren, um bei der Verbreitung ihrer Samen auch größere Distanzen zu überwinden. Die Bildung von Früchten ist für die Pflanze mit genau diesem Zweck verbunden: Tieren gegen Belohnung in Form von Fruchtfleisch die darin verborgenen Samen mit auf den Weg zu geben. In der Regel überstehen diese den Verdauungsprozess unbeschadet und werden an anderer Stelle mit dem Kot wieder ausgeschieden – im Falle von Vögeln oder größeren Säugetieren unter Umständen viele Kilometer entfernt von der Mutterpflanze! Raffinierterweise erhalten die Samen an der „Abwurfstelle“ mit dem Tierkot auch noch eine kleine Portion Dünger als Starthilfe dazu.
Übrigens: Wenn du wissen willst, welche Pflanzen sich ebenfalls mit tierischer Hilfe weiter verbreiten, schau auf die Querverweise ganz unten.

Reife Beeren am Holunderstrauch | Foto: Marco Fischer

FÜR DEINE NOTIZEN:

ÄHNLICHE THEMEN:

Andere Tricks der Samenausbreitung
–> ***03*** Spring, Kraut!
–> ***17*** Propellersamen

Weitere „Anschisspflanzen“
–> ***10*** Das schwebende Zauberblatt
–> ***20*** Vom Giftbusch naschen?

PROPELLERSAMEN

Ahorn- und Lindensamen schrauben sich mit rotierenden Fallschirmen durch die Lüfte.

SO GEHT'S: Bis tief in den Winter hinein findest du noch Samen an den Zweigen von Linden-(1) und Ahornbäumen (2) oder in deren Nähe auf dem Boden. Sammle ein paar davon auf und wirf sie beim nächsten starken Wind in die Luft oder lass sie von einer erhöhten Stelle fallen. Sie beginnen schnell zu kreiseln und schrauben sich wie an einem Fallschirm nach unten – oder bei stürmischem Wind weit in die Ferne! Finde heraus, ob sich alle Samen in die gleiche Richtung drehen.

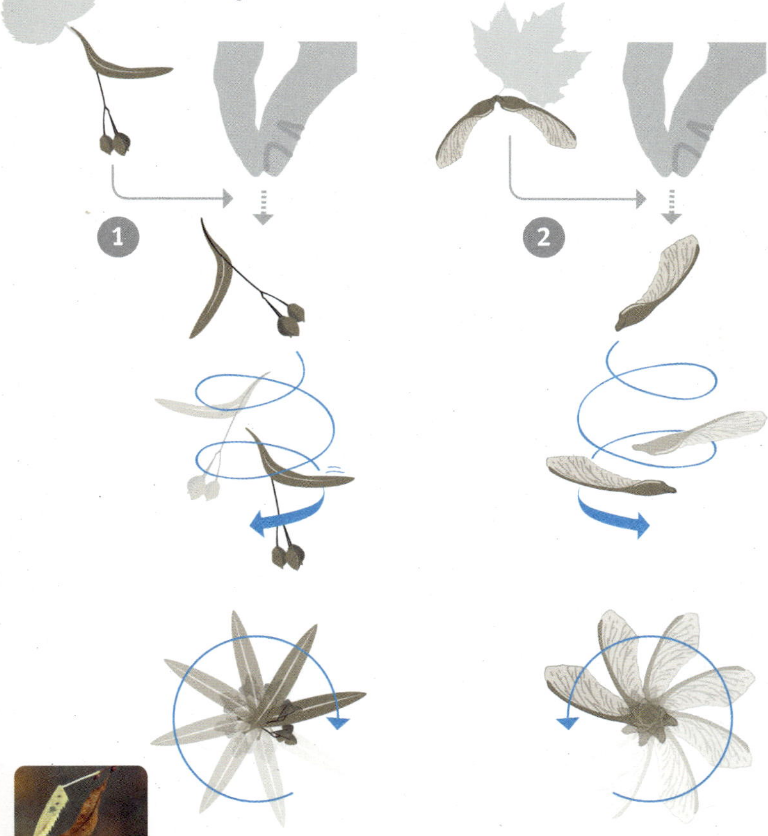

17 – Propellersamen

MEHR ZUM THEMA: **Fliegende Baumsamen**

Die reifen Früchte von Linden und Ahornbäumen halten sich im Herbst länger als die Laubblätter hartnäckig an den kahlen Zweigen fest, solange bis starke Herbststürme sie endlich losreißen und weit davontragen können. Dabei hilft ihnen ein raffinierter Propellermechanismus: Die Lindenblüten (und später die Früchte) hängen an einem schmalen, leichten „Flugblatt“. Die Ahornsamen sind direkt in ein solches eingewachsen. Durch seine raffinierte Form versetzt sich das Flugblatt mit dem Samen in der Luft von selbst in eine Drehbewegung. Es wirkt dabei wie eine Tragfläche bzw. ein Rotorblatt, das die Luft in Seitwärtsbewegung mit hoher Geschwindigkeit durchschneidet und somit Auftrieb erzeugt. Dadurch trägt es die Früchte weit von der Mutterpflanze weg. So konkurriert der Nachwuchs nicht mit ihr um Licht, Nährstoffe und Wasser. Auch andere Bäume statten ihre Samen mit Flughilfen aus: Die Samen von Kiefern und Fichten fliegen mit feinen Flughäuten ebenfalls weit. Hainbuchensamen verfügen über eine dreilappige Flughaut.

Und noch ein Tipp: Aus grünen, noch zusammenklebenden Ahornsamen kannst du „Nasenzwicker“ herstellen, indem du die zwei Hälften vorsichtig auseinander ziehst. Das Innere ist etwas klebrig, so dass der Nasenzwicker auf der Nase hält.

Samen der Sommerlinde

Samen des Feldahorn

Fotos: Marco Fischer

FÜR DEINE NOTIZEN:

ÄHNLICHE THEMEN:

Windverbreitung von Samen

–› *05* Pustehimmel oder –hölle?

–› *18* Zapfenwetterbericht

Andere Tricks des Samentransports

–› *03* Spring, Kraut!

–› *16* Die „Anschisspflanze“

ZAPFENWETTERBERICHT

An der Form von Fichten- und Kiefernzapfen kannst du die Luftfeuchtigkeit ablesen.

SO GEHT'S: Achte beim nächsten Waldausflug einmal auf herumliegende Fichten- oder Kiefernzapfen. Ist die Luft bei Regen- oder Nebelwetter feucht, liegen die Schuppen dicht an, die Zapfen haben eine eher glatte Gestalt (1). Bei trockenem Sonnenwetter plustern sie sich regelrecht auf und spreizen die Schuppen weit ab (2).

NOCH EIN TIPP: Den Effekt kannst du zuhause ausprobieren, indem du mitgenommene Zapfen z.B. eine Weile trocken (Heizung, sonniges Fensterbrett) oder nass (in einem Wasserglas) lagerst. Lege ein paar Zapfen außen aufs Fensterbrett und beobachte, wie sie sich zu verschiedenen Tageszeiten und je nach Wetter verhalten. Vielleicht habt ihr zuhause zum Vergleich ein *Hygrometer* (3) – bald kannst du schon an den Zapfen voraussagen, was es anzeigt.

18 – Zapfenwetterbericht

MEHR ZUM THEMA: **Fliegende Baumsamen und Bewegungstricks bei Pflanzen**

Zapfen sind schützende Behälter für die Samen von Nadelbäumen. Die Samen liegen in kleinen Vertiefungen auf der Innenseite der Zapfenschuppen. Damit sie möglichst ideale Flugbedingungen haben, lassen die Zapfen sie nur bei trockenem Wetter frei. Ist es also warm und sonnig, öffnen sich die Zapfen, die Samen können heraussegeln. Ist es feucht, bleiben die Zapfen geschlossen.
Reife Fichten-, Kiefern- und Lärchenzapfen fallen komplett ab. Samen findest du in den abgefallenen Zapfen meist nicht mehr. Vielleicht kannst du aber welche auf dem Waldboden entdecken. Oft werden Fichtenzapfen fälschlicherweise als „Tannenzapfen“ bezeichnet. Tannen werfen ihre Zapfen jedoch nicht im Ganzen ab. Sie zerfallen noch am Zweig in die einzelnen Schuppen. Übrig bleibt die aufrecht stehende Spindel, an der die Zapfenschuppen festgewachsen waren. Tannen sind bei uns relativ selten.

Übrigens: Die Schuppenbewegung wird durch einseitiges Aufquellen oder Zusammenschrumpeln (je nach Wassergehalt) bestimmter Zellen am Schuppenstiel ermöglicht. Erklärung siehe –› *06* Löwenzähne kringeln

Kiefernzapfen (bei eher trockenem Wetter)
Foto: Eugenie Scherb

Fichtenzapfen (bei eher feuchtem Wetter)
Foto: Albrecht Muscholl-Silberhorn

FÜR DEINE NOTIZEN:

ÄHNLICHE THEMEN:

Bewegungstricks bei Pflanzen
–› *06* Löwenzähne kringeln
–› *09* Die kitzlige Berberitze

Fliegende Baumsamen
–› *16* Die „Anschisspflanze“
–› *17* Propellersamen

19

HÄNDE WASCHEN MIT KASTANIEN

Ganz ohne echte Seife kannst du dir mit Rosskastanien und Wasser die Hände waschen.

SO GEHT'S: Bei der Brotzeit hast du dir die Hände fettig gemacht ... Wenn es Herbst ist und du dich in einem Park befindest – kein Problem: Finde eine frische, reife Rosskastanie. Schneide sie auf (1), befeuchte deine Hände mit Wasser (2) und reibe sie mit der Schnittfläche der Kastanie ein (3). Das Fett verschwindet (4). Rosskastanien enthalten einen Stoff, der wie Seife wirkt.

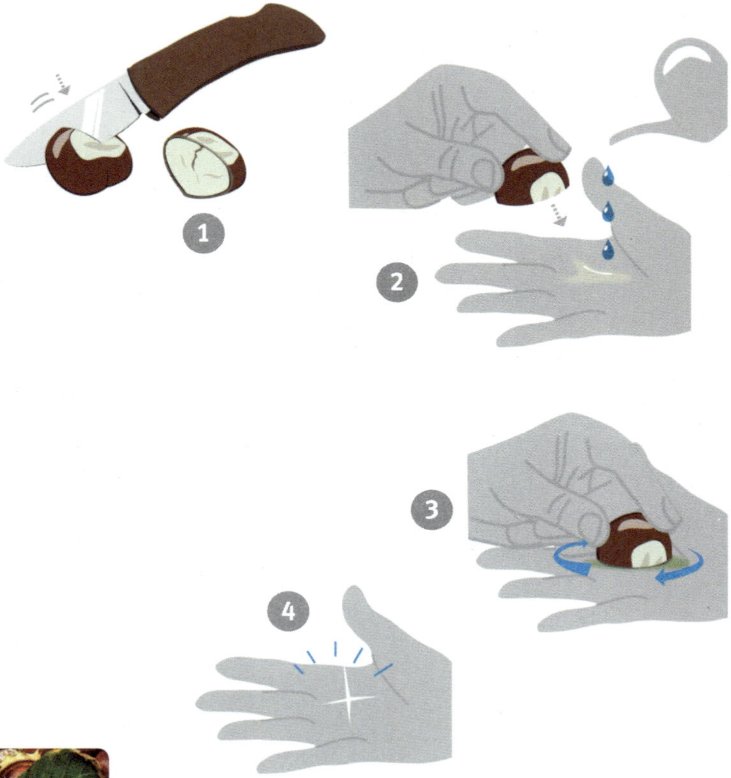

19 – Hände waschen mit Kastanien

MEHR ZUM THEMA: **Der Seifentrick der Rosskastanie**

Die wie Seife wirkenden Inhaltsstoffe heißen *Saponine*. Eine ihrer Eigenschaften ist es, sich an Fettmoleküle zu binden und diese dadurch in Wasser lösbar zu machen. Sie kommen in vielen Pflanzen vor, zum Beispiel auch in Nutzpflanzen wie Tomaten und Kartoffeln. Sie dienen den Pflanzen wahrscheinlich als Schutz gegen Pilzbefall und Insektenfraß.

Übrigens: Mit Rosskastanien kann man sogar Wäsche waschen. Auch andere heimische Pflanzen sind dafür geeignet und wurden früher tatsächlich so verwendet, wie z.B. das Gewöhnliche Seifenkraut: Seine Wurzeln und *Rhizome* – das sind verdickte unterirdische Sprossachsen – haben einen so hohen Saponingehalt, dass sie früher zu einem Seifenersatz verarbeitet wurden. Du findest es ziemlich häufig in Auen, an Flussufern, Kiesbänken, Wegen und Schuttplätzen.

Rosskastanien | Foto: Sonja Calovini/Fotolia

Seifenkraut | Foto: emer/Fotolia

FÜR DEINE NOTIZEN:

ÄHNLICHE THEMEN:

Weitere Tricks mit Baum- und Strauchfrüchten

–› ***15*** Die Nussfackel

–› ***17*** Propellersamen

–› ***18*** Zapfenwetterbericht

–› ***20*** Vom Giftbusch naschen?

Noch ein Trick fürs Händewaschen

–› ***21*** Der Moosschwamm

VOM GIFTBUSCH NASCHEN?

Die Beeren der giftigen Berberitze sind sauer, aber vollkommen harmlos. Traust du dich?

Bitte beachte! Kinder dürfen diesen Trick nur in Begleitung Erwachsener durchführen. Beim Probieren von Naturfrüchten gilt: Nur das verzehren, was man eindeutig als harmlos kennt!
Die Berberitze ist übrigens nur schwach giftig, bei versehentlichem Verzehr kleinerer Pflanzenteile droht keine Gefahr.

SO GEHT'S: Die Berberitze ist ein wehrhafter Strauch: Sie besitzt nicht nur Dornen, sondern schützt sich von der Wurzel bis in die Blattspitzen mit Gift vor dem Gefressenwerden – diese Pflanzenteile solltest du also nicht in den Mund stecken (1)! Nur ihre reifen Beeren bietet sie uns völlig giftfrei an. Du kannst sie ohne Bedenken probieren (2). Sie enthalten sogar eine gesunde Portion Vitamin C und lassen sich zu einer lecker säuerlichen Marmelade einkochen.

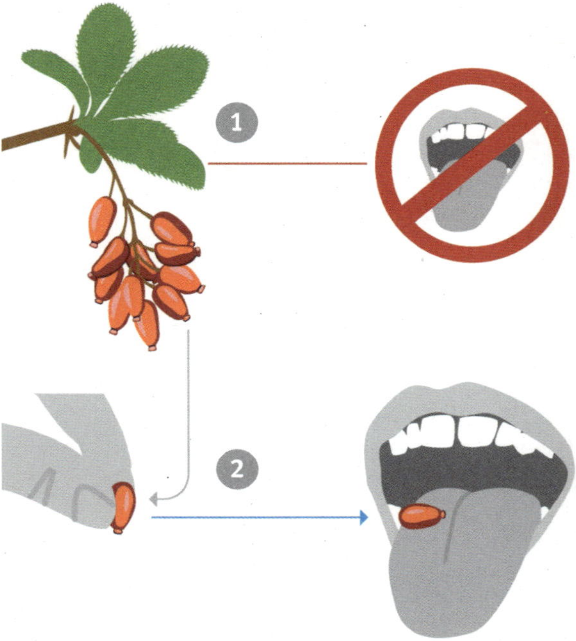

20 – Vom Giftbusch naschen?

MEHR ZUM THEMA: **Wieso die Berberitzenbeeren giftfrei sind**

Wenn Pflanzen ihre Samen in essbare Früchte verpacken, dann erkaufen sie sich damit einen Vorteil für ihre Fortpflanzung: Die Früchte werden von Tieren weggetragen und gefressen, die enthaltenen (harten) Samen entweder übriggelassen oder mit verschluckt und unverdaut an anderer Stelle ausgeschieden. Pflanzen tun also gut daran, ihre Giftstoffe aus den Früchten herauszuhalten, da sie sonst ja von den Tieren gemieden würden. Stattdessen reichern Pflanzen ihre Früchte mit schmackhaften und nahrhaften Inhaltsstoffen wie dem Fruchtzucker an, die in den übrigen Pflanzenteilen fehlen. Darüber hinaus werden Früchte, wenn sie reif sind, weich und bekömmlich und dazu noch mit attraktiven Farben versehen. Hättest du gedacht, dass auch die Tomate eigentlich eine Giftpflanze ist, an der nur die reifen Früchte für uns essbar sind?
Übrigens: Es gibt natürlich viele Pflanzen, deren Früchte für uns trotzdem äußerst giftig sind, zum Beispiel Tollkirschen. Diese sind nur für Vögel genießbar, und auf deren Samen-Transportdienst hat es die Tollkirsche abgesehen.

Gewöhnliche Berberitze, Herbstaspekt mit Früchten
Foto: Dr. Rainer Nowak/bilderwelt-natur.de

Zweig mit Früchten | Foto: Algidras/Wikimedia Commons

FÜR DEINE NOTIZEN:

ÄHNLICHE THEMEN:

Tiertransport von Pflanzensamen
–> ***16*** Die „Anschisspflanze"

Noch ein Trick mit der Berberitze
–> ***09*** Die kitzlige Berberitze

DER MOOSSCHWAMM

Schmutzig im Wald und kein Wasser in Sicht? Probiere mal einen Moosschwamm aus.

SO GEHT'S: Moose überdauern trockene Zeiten genügsam in einer Art „Trockenschlaf"(1). Nach einem Regen oder an nebligen Tagen saugen sie sich wie ein Schwamm mit Wasser voll und wirken dann frisch und saftig (2). So ein Moospolster kann das Fünf- bis Sechsfache des Trockengewichts an Wasser enthalten und eine lange Zeit speichern. Wenn du einen „Moosschwamm"(3) in die Hand nimmst und quetschst, kannst du das Wasser wieder herauspressen (4).

21 – Der Moosschwamm

MEHR ZUM THEMA: **Wie Moose (über-)leben**

Ist es längere Zeit trocken, werden die Moose zundertrocken, sind aber deswegen – im Gegensatz zu den meisten anderen Pflanzen – noch lange nicht tot! In der Regel erweckt sie neuer Regen wieder zum Leben. Manche Moosarten sind nach Jahren der Austrocknung noch lebensfähig. Für den Wasserhaushalt im Wald erfüllen sie wichtige Funktionen, denn das Wasser, das sie aufnehmen, geben sie nur langsam wieder ab. So verringern sie Überschwemmungsgefahren. Besonders Torfmoose sind hervorragende Wasserspeicher; sie können das 30fache ihres Gewichts an Wasser aufnehmen. Sie sind durch die Trockenlegung und Zerstörung von Mooren leider stark gefährdet. Torf- und viele andere Moose stehen unter Naturschutz. Sie dürfen nicht aus der Natur entnommen werden.

Übrigens: Im Wald findest du häufig das schöne Frauenhaarmoos (s.u.). Bei ihm kann man meistens rotbraune, auf dünnen Stängeln herausragende Sporenkapseln erkennen. Diese sind mit einer kleinen zipfligen Haube bedeckt. Wenn du sie abziehst, rieseln oft die Sporen heraus, die von Wind oder Wasser davongetragen werden, um – ähnlich wie die Samen anderer Pflanzen – neue Orte zu besiedeln.

Frauenhaarmoos | Foto: Marco Fischer

FÜR DEINE NOTIZEN:

ÄHNLICHE THEMEN:

Tricks mit Pflanzen und Wasser

–> ***06*** Löwenzähne kringeln

–> ***14*** Schaumholzbläser

Noch ein Trick fürs Händewaschen

–> ***19*** Hände waschen mit Kastanien

DIE BAUMZERBRÖSLER

Wenn Pilze Vorarbeit geleistet haben, zerbröselst du Holz mühelos mit bloßen Händen.

SO GEHT'S: Suche im Wald nach „Totholz“: Abgestorbene Bäume und auf dem Boden liegende alte Stämme und Äste. Oft sind sie mit Pilzen bewachsen. Das Holz ist entweder weißlich und faserig-schwammig oder bräunlich und sieht aus, als ob es gleich in kleine Klötzchen zerfallen würde. Bitte lasse noch stehende Stämme in Ruhe, denn oft wohnen seltene Tierarten darin (1). Du findest aber schnell auf dem Boden liegende dicke Äste (2), die du mit scheinbarer Superkraft leicht zerbrechen kannst (3).

22 – Die Baumzerbrösler

MEHR ZUM THEMA: **Wie Pilze Holz zerbröseln**

Holz besteht zu überwiegendem Teil aus der hellen *Zellulose* und dem braunen *Lignin*. *Braunfäule* erregende Pilze bauen hauptsächlich die Zellulose ab. Das Lignin bleibt weitgehend erhalten. Das Holz nimmt eine dunkelbraune Farbe an. Dadurch verliert es an Festigkeit und Masse. Es entsteht der typische „Würfelbruch“. Braunfäule kann an lebenden und toten Bäumen auftreten. Sie wird beispielsweise vom Fichtenporling, Lärchenporling und Schwefelporling verursacht. *Weißfäule*-Pilze verdauen hauptsächlich Lignin. Zellulose bleibt übrig. Das befallene Holz wird weißlich, zerfasert und instabil. Die Holzstruktur bleibt aber zunächst weitgehend erhalten. Besonders Laubhölzer sind von Weißfäule betroffen. Der hübsche Pilz Schmetterlingstramete (s.u.) ist einer der Erreger.

Übrigens: Für die natürlichen Kreisläufe im Wald sind diese Zersetzungsprozesse wichtig. In toten Lebewesen gebundene Nährstoffe werden so wieder zur Verfügung gestellt. Viele Tierarten wie z.B. der hübsche Alpenbockkäfer, der Feuerkäfer oder auch Wildbienen und Holzwespen ernähren sich vom zersetzenden Holz oder legen ihre Eier darin ab. Daher muss in einem ökologisch gesunden Wald eine gewisse Menge an Totholz belassen werden.

Totholz mit Pilzen | Foto: Thomas Stephan

Schmetterlingstramete | Foto: steinchen/Pixabay

FÜR DEINE NOTIZEN:

ÄHNLICHE THEMEN:

Noch ein Trick mit Pilzen
–› *23* Rauchende Pilze

Noch ein Trick mit Holz
–› *14* Schaumholzbläser

RAUCHENDE PILZE

Wie kleine Vulkane verströmen reife Stäublinge „Rauch“. Früher hielt man sie für Teufelszeug.

SO GEHT'S: In den Fruchtkörpern von Pilzen reifen Millionen winziger Sporen. Die kugelförmigen Stäublinge sind, wie man im Querschnitt sieht, praktisch vollständig mit Sporen gefüllt (1). Wenn diese reif sind, öffnet sich oben die Pilzhaut und die staubfeinen Sporen können entweichen (2). Wenn man auf so einen Stäubling drückt, pufft ein Wölkchen „Sporenrauch“ empor (3). Du kannst ohne schlechtes Gewissen reife Stäublinge puffen lassen. Die Sporen solltest du dabei nicht einatmen, sie können Übelkeit verursachen.

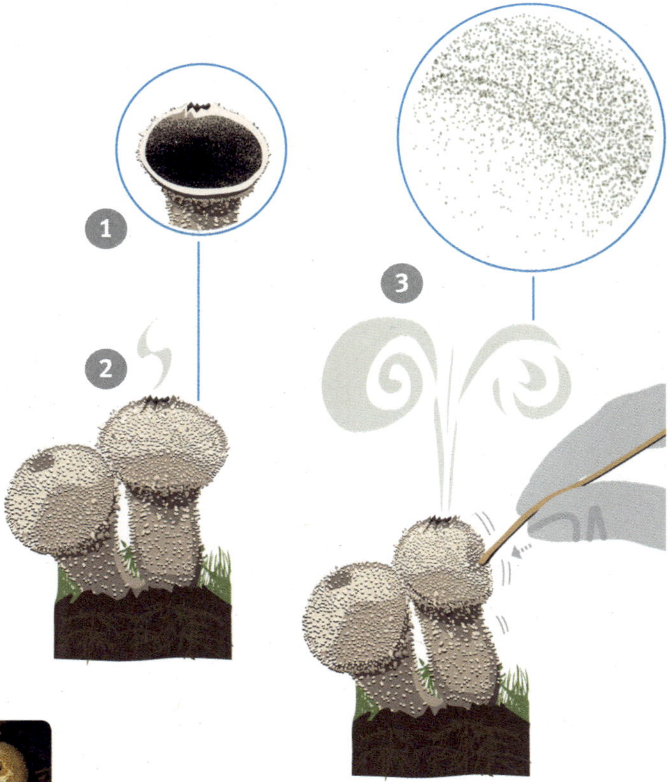

23 – Rauchende Pilze

MEHR ZUM THEMA: **Das geheimnisvolle Pilzleben**

Pilze sind weder Tiere noch Pflanzen. Was wir als „Schwammerl“ im Wald finden, ist nur das Fortpflanzungsorgan, das dazu dient, Sporen zu produzieren und ins Freie abzugeben. Dies kannst du auch bei anderen Pilzen testen, indem du einen reifen Pilzhut mit nach Hause nimmst und über Nacht auf ein Blatt Papier legst. Am nächsten Morgen ist ein „Sporenbild“ auf dem Papier zu sehen. Fachleute können ähnliche Pilze oft anhand ihrer Sporenbilder unterscheiden.

Übrigens: Der größere Teil der meisten Großpilze ist als weitläufiges Geflecht unter der Erde verborgen und kann riesig werden: In der Schweiz ist ein Hallimasch bekannt, der unterirdisch ca. 500 mal 800 Meter groß ist. Das sind über 40 Fußballfelder. Er tötet Bäume ab. Die meisten Pilze leben aber in friedlicher Koexistenz mit den Pflanzen. Tatsächlich geht man davon aus, dass fast alle Pflanzen Pilze brauchen, um gut wachsen zu können. In einem fein austarierten Gleichgewicht versorgen sie sich gegenseitig mit Mineralstoffen, Wasser und Nahrung. Diese Versorgungsgemeinschaft heißt *Mykorrhiza*.

Flaschenstäublinge | Foto: Martina Berg/Fotolia

Flaschenstäubling | Foto: Gerisch/Fotolia

FÜR DEINE NOTIZEN:

ÄHNLICHE THEMEN:

Windverbreitung von Samen

–> ***04*** Die kleine Mohnpagode

–> ***17*** Propellersamen

Noch ein Trick mit Pilzen

–> ***22*** Die Baumzerbrösler

DER WURMLOCKSTOCK

Mit diesem Trick kannst du Regenwürmer an die Erdoberfläche locken.

SO GEHT'S: Stecke ein Brettchen von der Größe eines Lineals in den Humusboden, dort wo du Regenwürmer vermutest (1). Trommle mit den Fingern leicht darauf (2). Nach einer Weile erscheinen die Regenwürmer an der Bodenoberfläche (3)! Für dieses Experiment brauchst du möglicherweise etwas Geduld. Probiere es an verschiedenen, humusreichen und feuchten Stellen aus.

MEHR ZUM THEMA: **Der rätselhafte Wurmlockeffekt**

Mit deinem Trommeln überträgst du Vibrationen in den Boden. Vielleicht halten die Regenwürmer diese für einen grabenden Maulwurf, und auf der Flucht vor dem vermeintlichen Fressfeind fliehen sie an die Oberfläche. Dorthin verfolgt sie der Maulwurf nicht. Es gibt noch eine andere mögliche Erklärung: Um in ihren Gängen nicht zu ertrinken, kommen Regenwürmer bei Starkregen an die Oberfläche. Es ist möglich, dass das Klopfen sich im Boden wie Regentropfen anhört und so die Würmer zur Flucht veranlasst. Ganz erforscht ist dieses Phänomen also noch nicht.

Übrigens: Regenwürmer spielen für die Böden eine große Rolle. Sie durchmischen den Boden, befördern Mineralien aus tieferen Bodenschichten nach oben und bilden wertvolle Ton-Humus-Klümpchen. 40 bis 80 Tonnen „Regenwurmerde" können pro Hektar in einem Jahr auf diese Art und Weise entstehen. Außerdem durchlüften sie den Boden. Ihre unterirdischen Röhren kleiden die Tiere mit einer Schicht aus Schleim und Exkrementen aus, die die Röhren stabilisiert. Diese auch „Tapete" genannte Befestigung dient Pflanzen als Dünger. In den Röhren können Pflanzenwurzeln außerdem leichter nach unten wachsen.

Einen Regenwurm kann man bedenkenlos in die Hand nehmen – aber bitte behutsam behandeln und dann gleich wieder zurück auf feuchte, lockere Erde setzen. | Foto: Pascal Huot/Fotolia

FÜR DEINE NOTIZEN:

ÄHNLICHE THEMEN:
Weitere Tricks mit Bodentieren

–> *25* Schneckenfußmassage
–> *32* Grillen angeln leicht gemacht
–> *36* Schrei, wenn du ein Mann bist!
–> *39* Der Maulwurfdetektor

25

SCHNECKEN-FUßMASSAGE

In ihr Haus zurückgezogene Weinbergschnecken kann man am Fuß „herauskitzeln“.

SO GEHT'S: Weinbergschnecken ziehen sich bei Belästigung oder zum Ruhen in ihr Haus zurück (1). Doch wenn man ihren Fuß mit dem Finger sanft und vorsichtig massiert (2), stülpen sie sich nach und nach wieder aus (3–4). Ob die Schnecke deinen Finger für einen kontaktfreudigen Artgenossen hält, ob sie kitzlig oder einfach nur genervt ist, bleibt ihr Geheimnis.

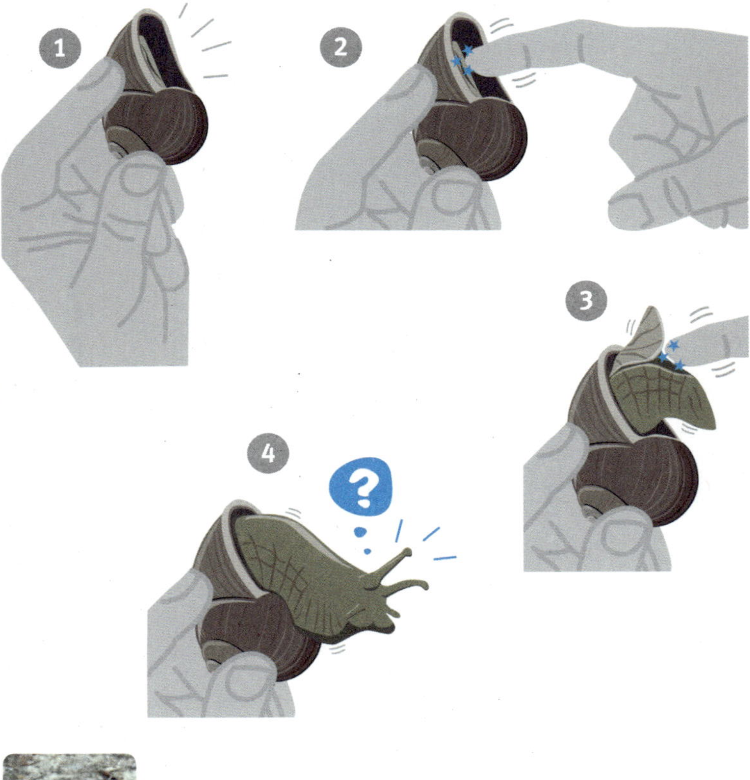

MEHR ZUM THEMA: **Bemerkenswertes über Schnecken**

Gut beobachten kann man, dass sich der Fuß der Schnecke wellenförmig bewegt. Auf diese Art „laufen“ Schnecken. Weinbergschnecken schaffen bis zu 12 cm pro Minute, also locker eine Salatkopf-Umrundung in der Stunde.

Weinbergschnecken können bis zu acht Jahre alt werden. Wenn sie wachsen, wird auch das Haus größer. Die Schnecke bildet es durch Kalkabsonderungen ihres Körpers. Sie kann das Haus auch reparieren, wenn es nicht zu schwer beschädigt wird. Manchmal findest du Schnecken, an denen du ältere „Flickstellen“ erkennen kannst. Fast immer sind die Gehäuse rechtsherum gewunden. Nur etwa bei einem von 20.000 Tieren ist es linksgängig. Im Volksmund werden linksgängige Schnecken als „Schneckenkönig“ bezeichnet. Zum Überwintern fressen sich Weinbergschnecken einen Nahrungsvorrat an und verdeckeln ihr Haus mit einer harten, aber luftdurchlässigen Kalkplatte, dem *Epiphragma* (s.u.). Weinbergschnecken stehen unter Naturschutz.

Übrigens: Der Schleim der Weinbergschnecken klebt nicht, ganz im Gegensatz zu dem von Wegschnecken.

Weinbergschnecke | Foto: Matthias Brähler

Weinbergschnecken, rechts mit Epiphragma
Foto: Justus Vogt

FÜR DEINE NOTIZEN:

ÄHNLICHE THEMEN:
Weitere Tricks mit Bodentieren

–> *24* Der Wurmlockstock
–> *32* Grillen angeln leicht gemacht
–> *36* Schrei, wenn du ein Mann bist!
–> *39* Der Maulwurfdetektor

INVASION DER SPRINGSCHWÄNZE

Auf Schnee im Wald siehst du manchmal einen schwarzen Belag – der sich bewegt!

SO GEHT'S: Ab Ende Januar, wenn Tauwetter in der Luft liegt, kannst du das Phänomen mit etwas Glück entdecken: Millionen winziger „Schneeflöhe" kriechen aus dem Waldboden und breiten sich über die Schneeoberfläche aus (1). Schau sie dir mit der Lupe einmal genauer an. Es sind circa einen Millimeter große Urinsekten, „Springschwänze" genannt (2). Bei ausreichender Vergrößerung kannst du die *Springgabel* entdecken, eine Katapultvorrichtung, die im Ruhezustand unter dem Hinterleib eingeklappt ist. Damit können sie erstaunlich weit springen (3).

MEHR ZUM THEMA: **Aus dem Leben der Springschwänze**

Es gibt verschiedene Arten von Springschwänzen. Sie gehören zu den ältesten Landtieren der Erde; es sind *Urinsekten*, denen noch Flügel fehlen. Normalerweise leben Springschwänze in der Bodenstreu – nicht selten in Massen von Hunderttausenden pro Quadratmeter. Sie fressen dort organischen Abfall wie abgefallene Blätter. Auch in der Erde von Zimmerpflanzen fühlen sie sich zuhause. Einige sind auch im Winter aktiv, sie werden im Volksmund „Schneeflöhe" genannt. Auf der Schneeoberfläche grasen die Springschwänze Algen ab. Aus diesen gewinnen sie ein Frostschutzmittel, das ihren Körper vor dem Einfrieren bewahrt. Wird die Nahrung knapp, wandern sie zu neuen Revieren.

MEHR ZUM THEMA: **Leben auf dem Schnee**

Auch andere Insekten tummeln sich im Winterweiß: Wintermücken erinnern an kleine Schnaken. Sie sitzen auf Schnee oder schwirren in Gruppen durch die Luft. Auch sie lagern Frostschutzsubstanzen ein. Dank ihrer dunklen Farbe erwärmt sie die Wintersonne besonders gut. Weniger häufig findet man Insekten wie Schneeschnaken oder Winterhaft sowie winteraktive Spinnen. Manche Baldachinspinnen haben sich im Winter auf das Fangen von Springschwänzen spezialisiert. Sie legen in Vertiefungen im Schnee, beispielsweise in Fußstapfen, Netze an.

Springschwanz, Ansicht von oben
Foto: Lukarelli/Wikimedia Commons C

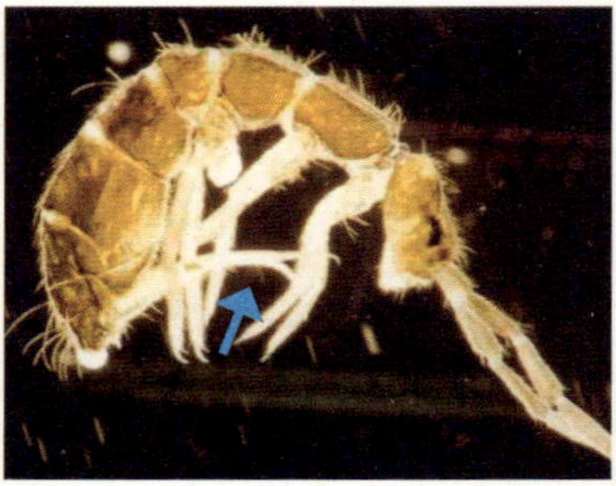

Springschwanz mit Springgabel (Pfeil)
Foto: U. Burkhardt/Wikimedia Commons C

FÜR DEINE NOTIZEN:

ÄHNLICHE THEMEN:

Weitere Tricks mit Bodentieren

–> ***24*** Der Wurmlockstock
–> ***32*** Grillen angeln leicht gemacht

Andere Spring-Tricks

–> ***03*** Spring, Kraut!
–> ***29*** Der Käfer mit dem „Klick"-Trick!

SAUER MACHT ROT

Blaue Blüten erröten, wenn man sie in einen Ameisenhaufen hält.

Bitte beachte! Waldameisen stehen unter Naturschutz. Pass daher bitte auf, dass du ihren Haufen nicht beschädigst. Berühre die Ameisen nicht direkt, denn Ameisensäure brennt auf der Haut. Bitte achte auch darauf, keine geschützten Pflanzenarten zu pflücken.

SO GEHT'S: Wenn du an einem Ameisenhaufen vorbei kommst und in der Nähe auch noch blaue Blumen, z.B. Glockenblumen entdeckst (1), versuche Folgendes: Streiche mit einer Blüte über den Ameisenhaufen (2). Die Ameisen fühlen sich von dem vermeintlichen Eindringling sofort bedroht. Sie greifen die Blüte an, indem sie sie mit Säure anspritzen. Die Blüte färbt sich an diesen Stellen rot (3).

27 – Sauer macht rot

MEHR ZUM THEMA: **Der ätzende Abwehrsaft der Ameisen**

Ameisen sind eng mit den Bienen und Wespen verwandt, und wie diese besitzen sie Giftdrüsen im Hinterleib. Ein wichtiger Bestandteil des Ameisengifts ist ein simpler Stoff mit der chemischen Formel HCOOH, bekannt als *Ameisensäure*. Die Waldameisen versprühen zerstäubte Wölkchen davon, um Feinde auszuschalten oder zu vertreiben. Neben den Ameisen nutzen u. a. manche Skorpione, Käfer oder Quallen Ameisensäure zur Verteidigung oder zum Beutefang. Beim Menschen äußert der Kontakt sich durch Brennen und Quaddelbildung. Manche Ameisenarten wie die Rote Gartenameise besitzen sogar einen kleinen Stachel, mit dem sie die Säure wirkungsvoll unter die Haut platzieren – es handelt sich bei den unangenehmen Begegnungen also nicht um *Bisse* sondern um *Stiche*. Man kennt den Schmerz von der Brennnessel: Sie nutzt eine ähnliche Technik und verwendet denselben Stoff.

MEHR ZUM THEMA: **Wandelbare Blütenfarben**

Der blaue Farbstoff der Glockenblumenblüte reagiert auf den Säuregehalt der Umgebung, den *pH-Wert*: Im basischen Bereich ist er blau, im sauren wechselt er ins Rote. Auch andere Blüten wie die Frühlingsplatterbse besitzen diese Farbstoffe. Die Blütenfarben sind für die Pflanzen wichtig. Sie locken bestäubende Insekten an und schützen die Zellen vor UV-Strahlung.

Rote Waldameise
Foto: emer/Fotolia

Ameisenhaufen der Roten Waldameise
Foto: kotafoty/Fotolia

FÜR DEINE NOTIZEN:

ÄHNLICHE THEMEN:

Abwehrtricks von Insekten

–› *28* Der gelbe Stinksaft
–› *31* Wenn der Hahn quietscht ...

Weitere „brenzlige“ Tricks

–› *07* Brennnesselbonbons
–› *15* Die Nussfackel

DER GELBE STINKSAFT

Marienkäfer sondern ein stinkendes gelbes Sekret ab, um Feinde abzuwehren.

SO GEHT'S: Berühre einen Marienkäfer vorsichtig mit einem Grashalm, ohne ihn zu verletzen (1). Wahrscheinlich sondert er daraufhin aus den Poren in der Gelenkhaut an den Beinchen ein gelbes, stinkendes Sekret ab, das zudem giftig ist (2). Es dient dazu, Feinde wie beispielsweise Ameisen oder Vögel zu vertreiben. Menschen schadet das Sekret nicht, hinterlässt aber unter Umständen Flecken.

28 – Der gelbe Stinksaft

MEHR ZUM THEMA: **Abwehrtricks des Marienkäfers**

Unter den Insekten ist die „chemische Abwehr“ weit verbreitet: Nicht nur Marienkäfer haben den Stinktrick auf Lager, sondern viele andere Insekten wie die schwarzen Laufkäfer, die Kurzflügler und die Stinkwanzen. Besonders beeindruckend ist das stechend riechende Abwehrsekret der Grünen Stinkwanze, das man so schnell nicht vergisst, wenn man es einmal in die Nase bekommen hat.

Die auffällige Farbe der Marienkäfer soll ihren Feinden beibringen, dass man sie besser gar nicht erst probieren sollte: Unerfahrene Vögel treffen auf den unangenehm bitteren Geschmack und merken sich die Erfahrung für die nächste Begegnung. Ähnliche Warneffekte machen sich auch andere Insekten zunutze, zum Beispiel Wespen, die ihre Wehrhaftigkeit mit schwarz-gelber Tracht signalisieren. Einige völlig harmlose Insekten wie die Schwebfliegen ahmen als „Trittbrettfahrer“ die Warnfarben gefährlicher Insekten nach, um ebenfalls nicht gefressen zu werden. Dieses Phänomen heißt *Mimikry*.

Viele Insekten, so auch die Marienkäfer, stellen sich bei Bedrohung häufig auch tot. Dabei ziehen sie die Beine in Vertiefungen an der Unterseite des Körpers ein.

Marienkäfer | Foto: Marco Fischer

FÜR DEINE NOTIZEN:

ÄHNLICHE THEMEN:

Abwehrtricks von Insekten

–> ***27*** Sauer macht rot
–> ***29*** Der Käfer mit dem „Klick“-Trick!
–> ***31*** Wenn der Hahn quietscht ...

DER KÄFER MIT DEM „KLICK"-TRICK!

Schnellkäfer können sich bei Gefahr mit einem „Klick" in die Luft katapultieren.

SO GEHT'S: Drehe einen Schnellkäfer mit einem Grashalm vorsichtig auf den Rücken, z.B. indem du ihn von seinem Sitzplatz auf eine darunterliegende Ebene streifst (1). Wenn du dann genau hinsiehst, kannst du beobachten, wie er zuerst seinen Körper ähnlich wie ein „Hohlkreuz" durchbiegt (2). Dann plötzlich schnellt er mit einem hörbaren „Klick" in die Luft (3) – und landet wenn er Glück hat auf seinen Beinen (4).

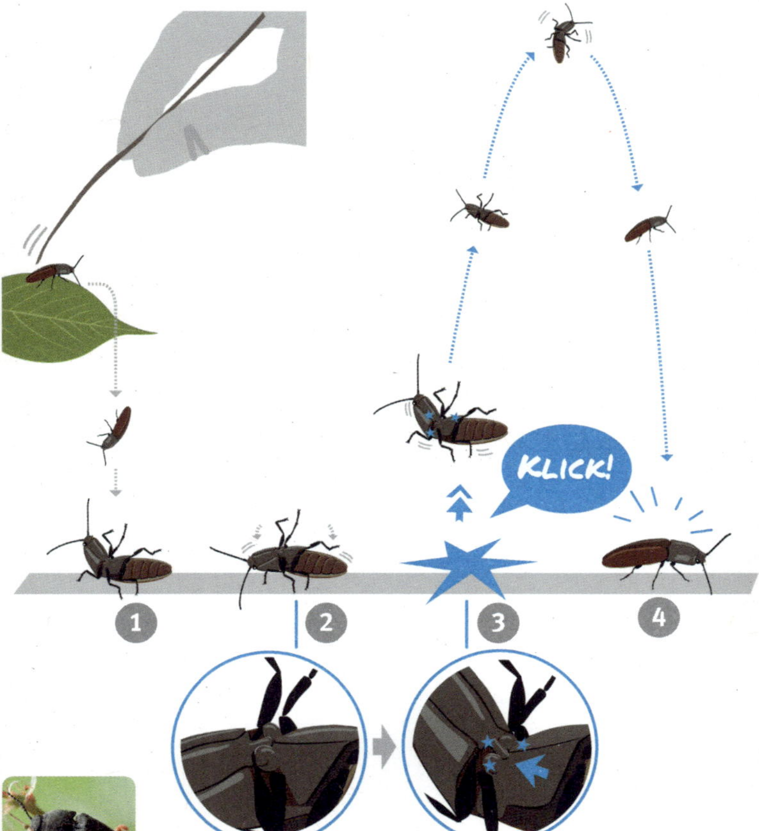

29 – Der Käfer mit dem „Klick"-Trick!

MEHR ZUM THEMA: **Der Klickmechanismus der Schnellkäfer**

Schnellkäfer haben ihren deutschen Namen nicht erhalten, weil sie besonders schnell sind, sondern weil sie sich mit Hilfe eines Klappmechanismus nach oben schnellen können: Zunächst biegt der Käfer seinen Rücken nach hinten durch. Dabei rastet ein am Brustpanzer befindlicher Haken in eine dazu passende Vertiefung ein, und der ganze Käfer liegt kurz wie eine gespannte Feder da. Schließlich löst sich der Haken, und der Käfer schnappt wie ein Klappmesser ruckartig bauchwärts zusammen. Das ist mit einem deutlich hörbaren Klicken verbunden. Die Käfer katapultieren sich dadurch ziemlich hoch und weit. Damit entkommen sie potenziellen Fressfeinden. Sie können sich so aber auch aus der für Käfer misslichen Rückenlage befreien.

Die erwachsenen Schnellkäfer leben von Blüten und Blättern, manche Arten räuberisch. Die Larven einiger Arten fressen Pflanzenwurzeln und können in der Landwirtschaft und im Gartenbau teilweise große Schäden anrichten. Sie werden *Drahtwürmer* genannt. In Deutschland gibt es ca. 150 Schnellkäferarten.

Schnellkäfer | Foto: Carmen Rieb/Fotolia

FÜR DEINE NOTIZEN:

ÄHNLICHE THEMEN:

Abwehrtricks von Insekten
–› *27* Sauer macht rot
–› *28* Der gelbe Stinksaft
–› *31* Wenn der Hahn quietscht …

Ein pflanzlicher Springtrick
–› *03* Spring, Kraut!

DIE SCHAUMSCHLÄGERIN

Am Wiesenschaumkraut hängen oft große weiße Schaumtropfen – ist das etwa Spucke?

SO GEHT'S: Streiche den Schaum sehr vorsichtig mit einem Grashalm auseinander, ohne ihn ganz abzustreichen (1): Es versteckt sich eine kleine grünliche Made darin (2)! Das ist die Larve einer *Schaumzikade*, die an dieser Stelle den Pflanzensaft saugt – und den Schaum um sich herum selbst herstellt. Der kleine Schaumtropfen heißt im Volksmund übrigens Kuckucksspeichel. Auch an anderen Pflanzen kannst du Schaumzikaden finden.

30 – Die Schaumschlägerin

MEHR ZUM THEMA: **Schaum als Schutzhülle**

Mit der schaumigen Hülle schützt sich die Larve vor Fressfeinden, der Sonne und dem Austrocknen. Der Schaum entsteht aus unverdaut ausgeschiedenen Pflanzensäften. Diese werden von der Atemluft der Larve regelrecht aufgeschlagen wie Eischnee. Zum Atmen streckt sie den Hinterleib wie einen Schnorchel aus der Schaummasse. Beschädigte Schaumhäuser baut die Larve wieder auf.

MEHR ZUM THEMA: **Schutztricks von Insektenlarven**

Insektenlarven haben mitunter recht ungewöhnliche Behausungen, um sich vor dem Gefressenwerden zu schützen: Köcherfliegenlarven zum Beispiel bauen sich eine Wohnröhre aus Pflanzenteilen wie Schilf oder Holzstückchen, aber auch – je nach Art – aus Sand und Steinchen. Mauerbienen errichten für ihren Nachwuchs Kammern aus Lehm und Sand. Gespinstmotten hüllen sich zum Schutz vor Austrocknung und Fressfeinden in ein riesiges Seidentuch. Lilienhähnchen-Kinder kleiden sich in einen Mantel aus ihrem eigenen Kot.

Schaumnest der Wiesenschaumzikade
Foto: TwilightArtPictures/Fotolia

Ausgewachsene Wiesenschaumzikade
Foto: Annett Goebel/Fotolia

FÜR DEINE NOTIZEN:

ÄHNLICHE THEMEN:

Schutztricks von Insektenlarven

–› ***12*** Das Zombieblatt
–› ***31*** Wenn der Hahn quietscht ...
–› ***33*** Das löchrige Rosenblatt
–› ***34*** Der Gespensterbaum

Noch ein Trick mit Schaum

–› ***14*** Schaumholzbläser

WENN DER HAHN QUIETSCHT …

Einem auf Lilien wohnenden Käfer kannst du quietschende Laute entlocken.

SO GEHT'S: Suche auf Türkenbund- oder Gartenlilien nach einem roten, etwa kirschkerngroßen Käfer, dem *Lilienhähnchen* (1). Die Tiere sind leicht zu fangen, weil sie sich bei Gefahr gern zu Boden fallen lassen. Halte also einfach deine Hand unter ein Blatt und streiche den Käfer vorsichtig in deine Handfläche (2). Berühre das Lilienhähnchen sanft, ohne es zu verletzen (3). Es quietscht leise, aber hörbar.

31 – Wenn der Hahn quietscht ...

MEHR ZUM THEMA: **Lautäußerungen bei Insekten**

Das Quietschen des Lilienhähnchens ist eigentlich ein Zirpen, das der Käfer durch Reiben der Flügeldecken am Hinterleib erzeugt. Es ist nicht genau geklärt, ob der Laut rein zur Feindabwehr verwendet wird oder auch der Kommunikation der Käfer untereinander dient – ähnlich wie das Zirpen der Heuschrecken (die ihre Flügeldecken jedoch an den Beinen reiben). Der Ausstoß von Warnlauten ist bei Insekten nicht sehr verbreitet.

MEHR ZUM THEMA: **Pflanzenfressende Insekten**

Lilienhähnchen können als Larven und erwachsene Käfer viele Lilienarten schädigen, indem sie Blätter und Blütenstände abfressen. Das ist unerfreulich bei Massenvermehrung im Garten. In der Natur stellt sich ein ökologisches Gleichgewicht ein, da die Insekten wiederum von Vögeln und anderen Tieren gefressen werden. Dagegen versuchen sich allerdings die Larven durch einen Mantel aus Kot zu wehren, aus dem nur der Kopf herausschaut. Das verdirbt vielen Fressfeinden den Appetit.

Lilienhähnchen | Foto: Thomas Stephan

Türkenbundlilie mit Lilienhähnchen | Foto: BN

FÜR DEINE NOTIZEN:

ÄHNLICHE THEMEN:

Tierische Lautäußerungen

–> ***32*** Grillen angeln leicht gemacht
–> ***36*** Schrei, wenn du ein Mann bist!

Pflanzenfressende Insekten

–> ***30*** Die Schaumschlägerin
–> ***34*** Der Gespensterbaum

GRILLEN ANGELN LEICHT GEMACHT

Feldgrillen kannst du ganz einfach aus ihrem Erdloch fangen: mit einem Grashalm.

SO GEHT'S: Auf sonnigen, wenig bewachsenen Wiesen hörst du im Sommer das Zirpen der Feldgrillen (1). Wenn du dich näherst, verstummen sie und flüchten in ihre selbstgegrabene Wohnröhre (2). Taste mit einem Grashalm in die Röhre (3). Ist die Feldgrille zu Hause, sieht sie den Halm als möglichen Feind und verbeißt sich in ihn. Zieh den Halm mitsamt der Grille aus dem Loch (4). Vielleicht gelingt es dir, die Grille in eine Becherlupe zu setzen. So kannst du sie gut betrachten. Lass sie anschließend wieder frei.

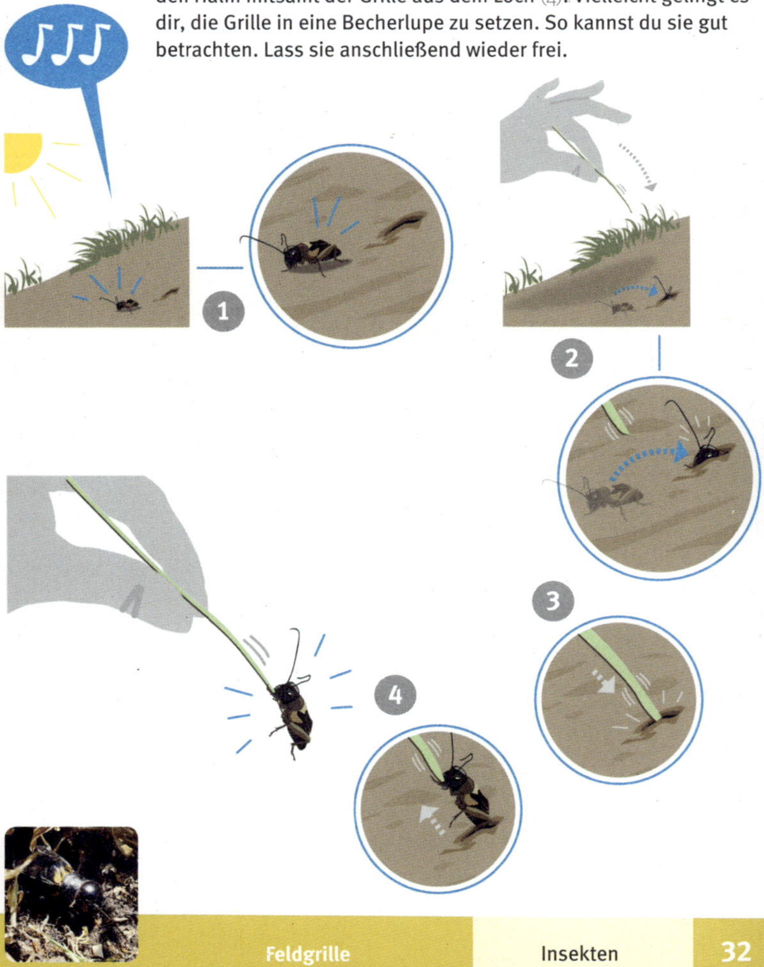

MEHR ZUM THEMA: **Aus dem Leben der Feldgrille**

Vor ihrer Wohnröhre, die sie bis zu 40 cm tief graben, legen die Feldgrillen einen kleinen Platz an, den sie sorgfältig von Steinchen und Gras säubern. Die Männchen nutzen diesen Vorgarten, um zu zirpen, aber auch als Kampfarena. Denn Grillen sind *territorial*, d.h. sie dulden keine Artgenossen in ihrem Revier. Eindringlingen wird zunächst mit einem schrillen Reviergesang gedroht. Reicht das nicht aus, prügeln sich die Kontrahenten mit ihren langen Antennen, schubsen und beißen sich. Der Kampf ist beendet, wenn einer der beiden flieht. Der Lebensraum vieler Grillenarten ist durch die intensiv betriebene Landwirtschaft bedroht.

Übrigens: Nur die Grillenmännchen zirpen. Der Ton entsteht durch das Aneinanderreiben der Flügel. Weibchen können keine Töne hervorbringen. Mit dem Zirpen teilen Männchen Geschlechtsgenossen mit, dass das Revier belegt ist und locken Weibchen an. Grillen hören mit den Vorderbeinen, dort sitzen schallempfindliche Trommelfelle.

Feldgrille vor ihrer Wohnröhre | Foto: Bastetamon/Fotolia

FÜR DEINE NOTIZEN:

ÄHNLICHE THEMEN:

Tierische Lautäußerungen

–> ***31*** Wenn der Hahn quietscht ...

–> ***36*** Schrei, wenn du ein Mann bist!

Weitere Tricks mit Bodentieren

–> ***24*** Der Wurmlockstock

–> ***39*** Der Maulwurfdetektor

DAS LÖCHRIGE ROSENBLATT

Wer schneidet im Frühjahr kreisrunde Löcher in die Blätter von Rosen?

SO GEHT'S: Betrachte in den Frühlingsmonaten genau die Blätter der Gartenrosen. Oft entdeckst du seltsame kreisrunde Löcher etwa von der Größe eines 1-Cent-Stücks (1). Bei schönem Wetter kannst du mit etwas Geduld die Verursacherinnen ertappen: Es sind Blattschneiderbienen (2)! Vom Rand beginnend beißt die Biene ein kreisförmiges Stück aus dem Rosenblatt (3), rollt es zusammen und fliegt damit davon (4). Versuche einer Biene zu folgen und herauszufinden, was sie damit vorhat (5) ...

33 – Das löchrige Rosenblatt

MEHR ZUM THEMA: **Blattschneider- und andere „Handwerker"-Bienen**

Mit den Blattröhrchen kleiden die Blattschneiderbienen Hohlräume aus. In die so entstehenden Brutkammern legen sie zusammen mit einem Pollenvorrat ihre Eier ab (siehe Zeichnung (5) vorne)**. Die Larven wachsen hier ungestört heran, bis sie sich als erwachsene Biene ans Tageslicht durchbeißen.**
Anders als Honigbienen bilden Blattschneiderbienen – wie die meisten Wildbienenarten – keine Staaten. Stattdessen leben sie einzeln; sie werden als *Solitärbienen* bezeichnet, die sich nur zur Paarung im Sommer treffen. Die befruchteten Weibchen, die Königinnen, überwintern alleine und legen im Frühjahr für den Nachwuchs Nester an. Dabei gibt es unzählige Arten mit teilweise höchst interessanten Methoden: Mauerbienen mörteln Töpfchen oder Kokons aus Lehm und Erde, in das sie je ein Ei mit Nahrungsvorrat aus Pollen legen. Sie nutzen als Bauplätze beispielsweise Mauern und Fensternischen.

Übrigens: Für die Bestäubung von Pflanzen spielen Wildbienen eine große Rolle. Viele Arten sind bedroht. Vor allem der Verlust von Lebensräumen macht ihnen zu schaffen. Manche Arten nehmen Nisthilfen an, die man relativ leicht selbst bauen kann. Eine tolle kostenlose Bastelanleitung ist z.B. hier zu finden:
www.traunstein.bund-naturschutz.de/artenschutz/insektenhotel.html

Blattschneiderbiene bei der Arbeit
Foto: Bernhard Plank/Wikimedia Commons C

Blattschneiderbiene mit Blattstück
Foto: pjt56/Wikimedia Commons C

FÜR DEINE NOTIZEN:

ÄHNLICHE THEMEN:

Insekten und Pflanzen
–> ***12*** Das Zombieblatt
–> ***30*** Die Schaumschlägerin
–> ***31*** Wenn der Hahn quietscht ...
–> ***32*** Grillen angeln leicht gemacht
–> ***34*** Der Gespensterbaum

DER GESPENSTERBAUM

Mitten im Sommer ein kahler Baum, ganz in weiße Seide gehüllt – ein Grund zum Gruseln?

SO GEHT'S: Wie Gespenster stehen die kahlen Bäume da. Stamm und Äste sind in ein dichtes Seidengespinst eingewoben (1). Bei genauerem Hinsehen kannst du darin Hunderte kleine schwarz gepunktete Raupen entdecken (2). Sie erzeugen das Seidentuch zu ihrem Schutz. In manchen Jahren ist der Befall so stark, dass im Mai und Juni alle Blätter abgefressen sind. Doch nach wenigen Wochen ist der Spuk zu Ende, die Raupen verwandeln sich in kleine Schmetterlinge und fliegen davon (3) – ist der Baum noch am Leben?

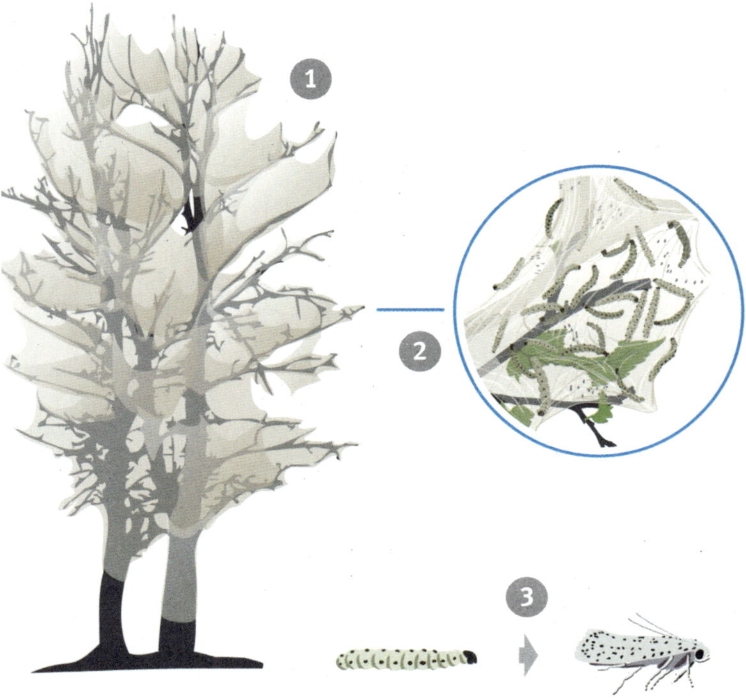

MEHR ZUM THEMA: Das Geheimnis des Gespensterbaums

Solch ein „Gespensterbaum“ ist häufig eine Traubenkirsche, die massenhaft von den Raupen der *Traubenkirschengespinstmotte* befallen ist. Die dichte Seidenhülle schützt die Raupen vor Fressfeinden. Nach wenigen Wochen verpuppen sich die Raupen, die Hülle zerfällt, der Baum treibt wieder aus. Im Herbst trägt er wieder Früchte, als wäre nichts gewesen.

MEHR ZUM THEMA: Schutztricks der Schmetterlingsraupen

Raupen, die Larvenstadien der Falter, leben gefährlich: Nicht nur Vögel, Spinnen oder Wespen fressen sie gerne. Viele fallen auch Schlupfwespen und Raupenfliegen zum Opfer. Raupen haben deshalb ganz verschiedene Strategien entwickelt, um sich zu schützen. Eichenprozessionsspinner beispielsweise besitzen winzige Brennhaare, die bei Berührung abbrechen und die Haut reizen können. Der Schwalbenschwanz setzt auf auffällige Warnfarben und auf die chemische Abwehr: Bei Gefahr stülpt die Raupe eine orangene Stirngabel aus, mit der sie stinkende Buttersäure versprüht. Eine andere Taktik ist die Tarnung (*Mimese*): Spannerraupen sehen Ästchen täuschend ähnlich. Andere verschmelzen durch ihre Farbe förmlich mit der Umgebung. Eine schnelle Flucht gelingt vielen Raupen, indem sie sich bei Gefahr fallen lassen oder an einem Seidenfaden abseilen.

Umsponnene und kahl gefressene Traubenkirsche | Foto: WoGi/Fotolia

Raupen der Traubenkirschengespinstmotte
Foto: Michael Tieck/Fotolia

FÜR DEINE NOTIZEN:

ÄHNLICHE THEMEN:

Schutztricks von Insektenlarven

–› ***12*** Das Zombieblatt
–› ***30*** Die Schaumschlägerin

Pflanzenfressende Insekten

–› ***31*** Wenn der Hahn quietscht ...
–› ***32*** Grillen angeln leicht gemacht

DIE DAS WASSER EINDELLEN

Finde heraus, wie Wasserläufer trockenen Fußes über die „Haut" des Wassers spazieren.

SO GEHT'S: Du fragst dich, wieso Wasserläufer nicht einsinken? Den Trick der flinken Insekten kannst du mit einer Kiefernnadel nachstellen: Sie muss möglichst sauber, trocken und gerade sein. Lege sie vorsichtig waagerecht auf die Wasseroberfläche, z.B. einer Pfütze (1). Wenn du es geschickt anstellst, bleibt sie oben liegen, ohne einzusinken oder nass zu werden! Das Wasser scheint eine „Haut" zu haben, die von der Nadel nur leicht eingedellt wird (2). Schaffst du es sogar, noch kleine Steinchen auf die Gabel zu legen (3)?

35 – Die das Wasser eindellen

MEHR ZUM THEMA: **Die elastische „Haut" des Wassers**

Dass dieser Trick funktioniert, liegt an der *Oberflächenspannung* des Wassers: Die Wassermoleküle in der obersten Schicht hängen etwas zäher zusammen als in tieferen Bereichen, sie bilden eine elastische Außenhülle. Das kannst du zum Beispiel sehen, wenn du ein Glas füllst und sich das Wasser etwas über den Rand hinaus wölbt. Uns Menschen trägt die zarte „Wasserhaut" leider nicht, doch eine Kiefernnadel oder ein Wasserläufer ist leicht genug. Seine Füße liegen flach auf, das Gewicht wird zusätzlich durch Härchen verteilt. So dellen sie die Haut des Wassers nur ein bisschen ein, was man bei genauem Hinsehen auch beobachten kann.

Die Oberflächenspannung nutzen nicht nur Kleintiere, um übers Wasser zu laufen. Wasserschnecken gleiten von unten über die Teichoberfläche und „grasen" schwimmende Algen ab. Pflanzen nutzen den Effekt, um Wasser vom Boden in die Blätter zu „ziehen".

Übrigens: Du kannst die Tragfähigkeit der Kiefernnadel erhöhen, indem du sie vorher mit etwas Talg einfettest: Reibe sie dazu mit leichtem Druck über deine Stirn. Sobald die Nadel allerdings einmal richtig nass geworden ist, funktioniert das Experiment nicht mehr.

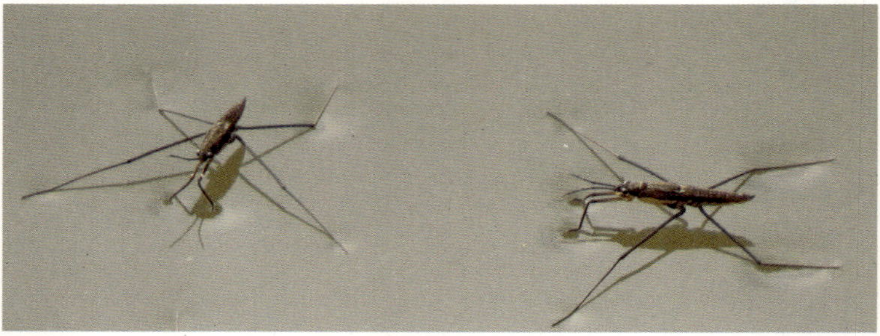

Deutlich erkennt man das unter den Füßen „eingedellte Wasser". Wasserläufer gehören zu den Wanzen. Sie leben räuberisch und fangen ins Wasser gefallene Insekten. | Foto: Marco Fischer

FÜR DEINE NOTIZEN:

ÄHNLICHE THEMEN:

Weitere Tricks mit Wasser

–› *06* Löwenzähne kringeln
–› *14* Schaumholzbläser
–› *19* Hände waschen mit Kastanien

SCHREI, WENN DU EIN MANN BIST!

Ein geschickter Griff zeigt dir, ob eine Erdkröte ein Männchen oder ein Weibchen ist.

SO GEHT'S: Wenn im Frühjahr die Nächte milder werden und es feucht ist, kommen die Erdkröten aus ihren Winterquartieren, um an Teichen und Tümpeln zu laichen. Wenn du eine Erdkröte findest, fasse das Tierchen sanft mit Daumen und Zeigefinger hinter den Vorderbeinen (1) und hebe es hoch (2). Gibt es einen quäkenden Ruf von sich, ist es ein Männchen. Setze es gleich danach vorsichtig wieder an dieselbe Stelle zurück.

MEHR ZUM THEMA: **Warum der Krötenmann schreit**

Im Frühjahr sind Erdkröten in Paarungslaune. Sie wandern zu ihren Geburtstümpeln, wo das Weibchen die Eier ablegt, die das Männchen befruchtet. Letzteres sucht sich (normalerweise) ein Weibchen, klammert sich am Rücken fest und lässt sich zum Tümpel tragen. Die Krötenmänner sind bei der Wahl der Weibchen jedoch nicht wählerisch, sie versuchen sogar, andere Männchen zu besteigen und sich festzuklammern. Diese wehren sich gegen den Fehlgriff, indem sie mit den Füßen strampeln und einen Schrei, den *Befreiungsschrei*, ausstoßen. In der Regel gibt es viel weniger Krötenweibchen als Männchen. Die Männchen konkurrieren deshalb oft heftig um ein Weibchen, und Verwechslungen kommen gar nicht so selten vor. Mit dem vorne gezeigten Griff ahmst du die Umklammerung nach.

Erdkröten müssen auf dem Weg zu ihrem Laichgewässer oft Straßen überqueren und laufen Gefahr, überfahren zu werden. Naturschutzorganisationen wie der BUND Naturschutz führen im Frühjahr deshalb groß angelegte Rettungsaktionen durch. Ehrenamtliche retten so jährlich hunderttausende Amphibien. Wenn du auch mithelfen willst, kontaktiere einfach mal deine Orts- oder Kreisgruppe. Du findest sie unter www.bund-naturschutz.de.

Erdkrötenpaar auf dem Weg zum Laichgewässer. Unten (normalerweise) das Weibchen, oben das kleinere Männchen. Man erkennt deutlich den Klammergriff | Foto: Uli Knapp

FÜR DEINE NOTIZEN:

ÄHNLICHE THEMEN:

Tierische Lautäußerungen
–› *31* Wenn der Hahn quietscht ...

Fingertricks mit Bodentieren
–› *24* Der Wurmlockstock
–› *25* Schneckenfußmassage

DER FEDERN-REIẞVERSCHLUSS

Eine zerfranste Feder kannst du mit den Fingern wieder reparieren.

SO GEHT'S: Am besten geeignet sind große Flügel- oder Schwanzfedern, die du beim Spaziergang oft findest. Zerteile mit einem Ästchen, Grashalm oder den Fingern die Fasern, so dass ein Spalt entsteht (1). In diesem Zustand wäre die Feder nicht mehr zum Fliegen brauchbar. Wie gut, dass man solche „Federrisse" leicht reparieren kann! Streife die Feder wie abgebildet ein paarmal in Richtung Spitze durch deine Finger (2). Mit etwas Geduld ist der Spalt wieder verschlossen (3).

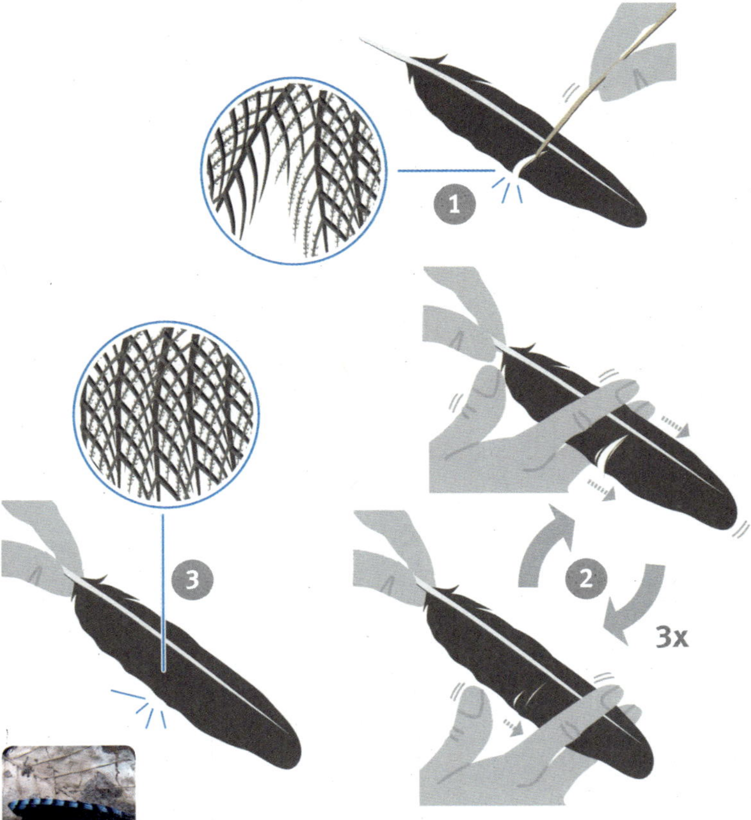

MEHR ZUM THEMA: **Wie funktioniert die Federnreparatur?**

Wenn du die *Fahne* (= den flächigen Teil) genau ansiehst, fällt dir auf, dass sie aus kleinen *Federästen* besteht. Diese besitzen winzige Haken, die sich beim Durchziehen zwischen den Fingern wieder fest ineinander verzahnen – es ist ein ähnliches Prinzip wie beim Reißverschluss. Vögel ziehen ihre Federn auf die gleiche Weise durch ihren Schnabel. Der Trick funktioniert nur mit Federn des äußeren Federkleides, den sogenannten *Konturfedern* (Schwung-, Schwanz- und Deckfedern). Die darunter liegenden *Daunen* dienen der Isolierung, ihre Fasern müssen möglichst fluffig sein und sollen sich daher nicht ineinander verhaken.

MEHR ZUM THEMA: **Was man an Fundfedern ablesen kann**

Leicht zu erkennen sind Eulenfedern. Sie sind mit feinem fellartigem Flaum bedeckt. Die Fahne der Feder ist weich. Damit kann die Eule praktisch lautlos fliegen. Wenn du eine Eulenfeder am Kiel festhältst und durch die Luft ziehst, hörst du so gut wie kein Geräusch. Federn von Enten oder Schwänen sind härter. Sie zischen und pfeifen im Flug. Fliegende Schwäne sind deshalb auffällig hörbar. Viele Federn an einer Stelle deuten darauf hin, dass hier ein Tier einen Vogel erbeutet hat. Sind die Kiele der Federn abgebissen, war der Räuber wahrscheinlich ein Marder oder ein Fuchs. Sind sie rausgerupft (Rupfung), war es ein Greifvogel. Relativ häufig kann man im Wald hübsch blau-schwarz gebänderte kleine Federn finden. Es sind die Schmuckfedern aus den Flügeln eines Eichelhähers.

Übrigens: Federn sind wasserabweisend. Träufle Wasser darauf: Es perlt ab.

Schmuckes Fundstück im Wald: die Feder eines Eichelhähers | Foto: Albrecht Muscholl-Silberhorn

FÜR DEINE NOTIZEN:

ÄHNLICHE THEMEN:

Noch ein Trick mit Häkchen
–> *08* Die Klebkrautschlacht

Tricks mit Flugobjekten
–> *05* Pustehimmel oder -hölle?
–> *17* Propellersamen

FLIEGENDE NUSSKNACKER

Finde heraus, mit welchem Trick Meisen & Co. „harte Nüsse“ knacken.

SO GEHT'S: Lege im Winter Sonnenblumenkerne in ein Futterhäuschen (1). Für Vögel mit eher kleinem Schnabel ist es nicht einfach, deren Schale zu knacken: Wenn sie den Kern bearbeiten wollen, rutscht er weg. Deshalb fliegen sie damit auf einen Baum (2) und klemmen ihn in einer Rindenritze oder Astgabel ein, um ihn zu fixieren (3). Jetzt können sie ihn ohne Mühe aufhacken und das nahrhafte Innere fressen (4). Legst du hingegen weiches Futter aus, wie zum Beispiel Haferflocken, fressen sie dieses gleich vor Ort.

MEHR ZUM THEMA: **Wie Vögel harte Schalen knacken**

Vogelarten wie Meisen und Kleiber, die im Sommer kleine Insekten fangen, besitzen eher zierliche, nicht für das Samenknacken ausgelegte Schnäbel. Sie nutzen im Winter die Borke von Bäumen als Klemmbank. Wer genau schaut, findet recht häufig eingeklemmte und aufgehackte Samen von Linde oder Hainbuche. In der Fachsprache nennt man Stellen, an denen Vögel Nahrung bearbeiten, *Schmieden*. Schon vorhandene Strukturen wie die Ritzen in der Baumborke werden als *Gelegenheitsschmieden* bezeichnet. Einige Vögel wie der Große Buntspecht meißeln in Bäume sogar Öffnungen, die sie der Größe des Nahrungsobjekts anpassen. Das sind die so genannten *Spechtschmieden*.

Eine schlaue Methode, Nüsse zu knacken, haben Krähen gefunden. Sie sammeln beispielsweise Walnüsse, lassen sie auf die Straße fallen und warten, bis Autos darüber fahren. Sind die Autos weg, picken sie die zermalmten Walnusskerne auf.

Blaumeisen am Meisenknödel | Foto: Bartussek/Fotolia

FÜR DEINE NOTIZEN:

ÄHNLICHE THEMEN:

Weitere Tricks mit Samen & Nüssen im Herbst & Winter

–> ***15*** Die Nussfackel
–> ***17*** Propellersamen
–> ***19*** Hände waschen mit Kastanien
–> ***20*** Vom Giftbusch naschen?

DER MAULWURF-DETEKTOR

So kannst du die unterirdischen Bewegungen von Maulwürfen sichtbar machen.

SO GEHT'S: Du brauchst dazu eine Wiese mit mehreren frischen Maulwurfshügeln und lange, steife Grashalme oder dünne, glatte Aststäbe. Stochere wie mit einer „Sonde" durch einen Maulwurfshügel in verschiedene Richtungen schräg nach unten in die Erde – wenn es plötzlich leichter geht, hast du einen Gang gefunden. Lass den Halm so stecken und präpariere auf die gleiche Weise möglichst viele weitere Maulwurfshügel, dann warte still an einer Stelle, von der du alle „Detektoren" im Blick hast. Mit etwas Glück siehst du bald, wie sich ein Grashalm bewegt ...

MEHR ZUM THEMA: **Aus dem Leben der Maulwürfe**

Maulwürfe bauen unterirdisch große Gangsysteme, in denen sie ständig auf der Jagd nach Würmern und Insekten sind. Beim Gangbau muss der Maulwurf die überschüssige Erde loswerden und schiebt sie an die Erdoberfläche. Die Maulwurfshügel entstehen. Maulwürfe graben mit beachtlicher Geschwindigkeit: in 20 Minuten bis zu anderthalb Meter. Ihre Beute entdecken sie anhand der minimalen Erschütterungen, die diese verursacht. Maulwürfe halten keinen Winterschlaf. Im Winter kann man besonders große und hohe Hügel sehen. Darunter haben die Tiere in der Regel ihre Nestkammer und direkt daneben die Vorratskammer.

MEHR ZUM THEMA: **Das Maulwurfsfell: perfekt für ein Leben im Untergrund**

Das dichte, plüschige Maulwurfsfell hat keinen Strich, das heißt die Haare legen sich in alle Richtungen gleich gut. Wenn du zufällig einen toten Maulwurf findest, kannst du das selber feststellen, indem du mit einem Stöckchen das Fell hin und her streichst. In engen Gängen macht ein solches Fell Sinn: Die Tiere können sich darin auch rückwärts bewegen ohne stecken zu bleiben.

Maulwurf | Foto: santia3/Fotolia

FÜR DEINE NOTIZEN:

ÄHNLICHE THEMEN:

Weitere Tricks mit Bodentieren

-> *24* Der Wurmlockstock
-> *25* Schneckenfußmassage
-> *32* Grillen angeln leicht gemacht
-> *36* Schrei, wenn du ein Mann bist!

SCHEUES WALDTIER WAR HIER!

Kein Reh weit und breit? Zahlreiche Spuren zeigen, dass dennoch welche anwesend waren.

SO GEHT'S: Schau bei deinem nächsten Waldspaziergang mal genauer hin: Rehkot (in der Jägersprache *Losung*) ist eindeutig erkennbar (1). Wo an jungen, dünnen Bäumchen die Rinde in Fetzen weg hängt, hat ein Rehbock *verfegt* (2). An Hufabdrücken (in der Jägersprache *Schalen*) kann man sogar ablesen, ob es das Reh eilig hatte (Schalenhälften gespreizt) (3) oder nicht (Schalenhälften eng zusammen) (4). Eine plattgelegene oder aufgescharrte Kuhle zeigt, dass hier ein Reh gelegen hat (5). Zur Zeit des Fellwechsels im Frühjahr findet man darin raue, gräuliche Haare.

40 – Scheues Waldtier war hier!

MEHR ZUM THEMA: **Rehspuren**

Rehböcke markieren ihr Revier, indem sie ihr Geweih (in der Jägersprache *Gehörn*) an dünnen Stämmchen scheuern (*verfegen*). Wenn die Wipfel von jungen Bäumchen zerrupft aussehen und die Gipfelknospen fehlen, hast du wahrscheinlich einen Fressplatz von Rehen gefunden. Rehe sind Feinschmecker. Sie lieben das Besondere und die Abwechslung. Daher beschränken sie sich nicht auf Knospen und Blätter von Fichten oder generell von Pflanzen, die in großer Anzahl vorkommen. Wohlschmeckend sind für sie hingegen beispielsweise junge Tannen und (seltene) Laubbäumchen. Rehfährten findest du häufig entlang von Waldwegen.

MEHR ZUM THEMA: **Rehlaute im Wald**

Manchmal dringen durch den Wald laute, heiser bellende Geräusche, die vor allem nachts ziemlich furchterregend klingen. Es sind Warnlaute der Rehe, das sogenannte *Schrecken*. Diese und andere Tierstimmen kannst du dir zum Vergleich auch online im „Tierstimmenarchiv" anhören: www.tierstimmenarchiv.de

Rehbock mit Gehörn
Foto: Wojciech Nowak/Fotolia

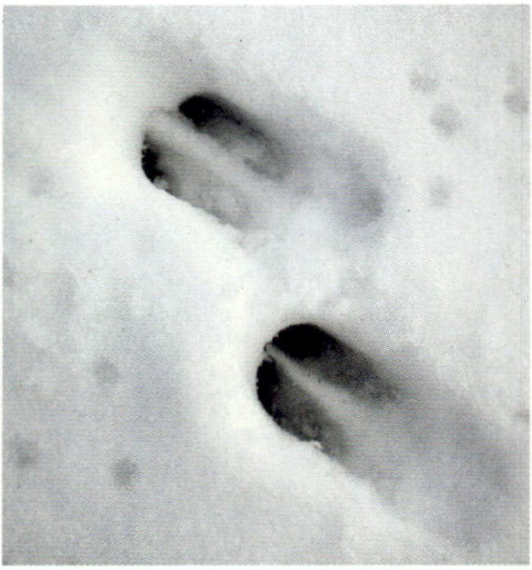

Rehspuren (langsame Gangart)
Foto: Tomasz Kuran/Wikimedia Commons [C]

FÜR DEINE NOTIZEN:

ÄHNLICHE THEMEN:

Andere Fundstücke im Wald

-> *18* Zapfenwetterbericht
-> *37* Der Federnreißverschluss

Lautäußerungen von Tieren

-> *31* Wenn der Hahn quietscht ...
-> *36* Schrei, wenn du ein Mann bist!

Als BN-Mitglied helfen Sie Bayerns Natur zu schützen – und haben auch selbst interessante Vorteile.

- Viermal im Jahr kostenlos das Mitgliedermagazin Natur+Umwelt
- Preisnachlässe bei BN-Reisen, BN-Veranstaltungen und Übernachtungen im Naturschutz- und Jugendzentrum Wartaweil
- Mitgliedsbeiträge und Spenden sind steuerlich absetzbar.
- Über den BN-Bundesverband BUND sind Sie Teil einer starken deutschland- und weltweiten Natur- und Umweltschutzbewegung.

Fragen zu Ihrer Mitgliedschaft beantwortet Ihnen gerne unser Mitglieder-Service unter
Tel. 0941 / 297 20-65
mitglied@bund-naturschutz.de

Weitere Infos für Sie:

www.bund-naturschutz.de/mitglied

BUND Naturschutz in Bayern e.V.

Geworben? Ja, von:

Name Vorname

Straße, Haus-Nr.

PLZ/Wohnort

E-Mail

Mitgliedsnummer

☐ Ich möchte eine Werbeprämie. Infos unter www.bund-naturschutz.de/praemien und bei jeder BN-Kreisgruppe.

☐ Ich möchte keine Prämie, verwenden Sie den Betrag für den Naturschutz.

Entgelt zahlt Empfänger

Deutsche Post
ANTWORT

BUND Naturschutz in Bayern e.V.
Zentrale Mitgliederverwaltung
Dr.-Johann-Maier-Straße 4
93049 Regensburg